西南交通大学“323实验室工程”系列教材
机械基础实验教学示范中心系列实验教材

机械设计实验教程

主编 陆天炜 吴鹿鸣
主审 西南交通大学实验室及设备管理处

西南交通大学出版社
·成 都·

内容简介

本书是在承担教育部"面向 21 世纪工程制图与机械基础课程内容与课程体系改革研究与实践"项目的基础上，西南交通大学机械基础实验教学示范中心在机械设计实验内容与体系改革及实践研究方面所取得的结晶之一。

"机械设计实验"是高等工科院校机械基础实验的核心内容之一，它对于培养学生的工程实践能力、科学实验能力、创新能力及动手能力起着重要的作用。本书根据机械设计实验的体系，将实验分为感知（认知）型实验、基本型实验、综合设计型实验和研究创新型实验 4 大类型。内容主要包括：机械传动性能参数测试、分析与研究，滑动轴承基本性能测试、分析与研究，机械零部件结构分析与轴系结构创意组合设计，机电产品模型设计及控制，机械设计结构展示、分析与研究等。

本书可作为高等工科院校机械类、近机类及其他专业机械设计、机械设计基础及机械基础课程的实验教材，也可作为相关人员进行教学、科研及实际工作的参考书。

图书在版编目（CIP）数据

机械设计实验教程 / 陆天炜，吴鹿鸣主编. —成都：西南交通大学出版社，2007.2（2025.1 重印）
（西南交通大学"323 实验室工程"系列教材，机械基础实验教学示范中心系列实验教材）
ISBN 978-7-81104-429-4

Ⅰ. 机… Ⅱ. ①陆…②吴… Ⅲ. 机械设计－实验－高等学校－教材 Ⅳ. TH122-33

中国版本图书馆 CIP 数据核字（2007）第 017748 号

西南交通大学"323 实验室工程"系列教材
机械基础实验教学示范中心系列实验教材

机械设计实验教程

主编　陆天炜　吴鹿鸣

*

责任编辑　李晓辉
封面设计　何东琳设计工作室
西南交通大学出版社出版发行
四川省成都市金牛区二环路北一段 111 号西南交通大学创新大厦 21 楼
邮政编码：610031　发行部电话：028-87600564
https: //www.xnjdcbs.com
四川森林印务有限责任公司印刷

*

成品尺寸：185 mm×260 mm　印张：9.375　插页：1
字数：234 千字
2007 年 2 月第 1 版　2025 年 1 月第 9 次印刷
ISBN 978-7-81104-429-4
定价：24.00 元

前　　言

西南交通大学机械基础实验教学示范中心自建立以来，坚持整合优势资源，实施精品化战略。经过多年的建设，进行了一系列的改革与实践，形成了以高素质创新人才和个性化人才培养为目标、以创新与实践能力培养为核心、以提高科学实验素质和工程实践能力为主线的新的机械基础实验教学体系，开设了能满足不同层次教学要求的实验课程，构建了以感知(认知）型实验模块、基本型实验模块、综合设计型实验模块及研究创新型实验模块为架构的机械基础实验教学平台。

本书是西南交通大学机械基础实验教学示范中心组织出版的系列实验教材之一，是高等院校机械类、近机类及其他专业机械设计、机械设计基础及机械基础等课程的实验教材。它是在承担教育部“面向21世纪工程制图与机械基础课程内容与课程体系改革研究与实践”项目的基础上，在机械设计实验内容与体系改革及实践研究方面所取得的结晶。

机械设计实验是高等工科院校机械基础实验的核心内容之一。它对于培养学生的工程实践能力、科学实验能力、创新能力及动手能力起着重要的作用。针对21世纪高素质创新人才和个性化人才培养要求，按照夯实基础、跟踪前沿的原则，本书根据机械设计实验的体系，将实验分为感知型实验、基本型实验、综合设计型实验和研究创新型实验4大类型，其中的实验项目、内容和方法以西南交通大学机械基础实验教学示范中心现有的实验教学资源为基础，各个院校可根据自己的具体情况进行取舍。

本书共分五章。第一章、第五章由陆天炜编写，第二章、第三章由吴鹿鸣编写，第四章由冯涛编写。全书由陆天炜、吴鹿鸣担任主编。

本书的出版得到了西南交通大学“323实验室工程”的资助，在编写过程中，得到了成都通达恒力科技有限公司万山红先生的帮助，在此一并表示感谢！

限于编者水平，加之时间仓促，书中疏漏和不妥之处，诚请读者批评指正。

编　者

2006年10月

目　　录

第一章　机械传动性能参数测试与分析实验

传动装置是大多数机器的主要组成部分。一台完整的工作机器通常是由动力机、传动装置、控制系统和工作机等共同组成的。而传动装置作为将动力机的运动与动力传递和变换到工作机的中间环节，其主要功能为：① 能量的传递与分配；② 速度的调节与改变；③ 运动形式的变换。

通常情况下传动可分为机械传动、流体传动和电力传动 3 大类。

机械传动在机器中是一种最基本、最常用的传动形式，按其传递动力的方法可分为摩擦传动和啮合传动；摩擦传动和啮合传动又均可分为直接接触的和有中间挠性件的两种。机械传动的分类见表 1－1 所示。

表 1－1　机械传动的分类

机械传动分类	直接接触的传动	有中间挠性件的传动
摩擦传动	摩擦轮传动	带传动 绳传动
啮合传动	齿轮传动 蜗杆传动 螺旋传动 凸轮机构、连杆机构、组合机构等	链传动 同步带传动

就通常情况而言，摩擦传动的外廓尺寸较大、传动效率较低，由于弹性滑动和打滑等原因，其传动比不能保持恒定，但其运行平稳、无噪声、结构简单、制造安装方便、成本低；而啮合传动则具有外廓尺寸小、传动效率高、传动比恒定、功率范围广、工作可靠、寿命长，但制造费用高、精度低时振动、噪音大等特点。各种机械传动的主要特性见表 1－2 所示。

机械传动中，传动效率 η（通常用百分比“%”表示）表示能量的利用程度，是评定机械传动装置优劣的重要指标之一。传动效率的高低也间接体现了传动的发热和磨损。

传动装置在机器中可以做成单级的和多级的，也可以是由各种传动组合而成。

在单流多级机械传动系统中，传动系统的总传动效率等于各级传动效率的连乘积。在各种机械传动中，一般说来传动效率由高到低依次为：齿轮传动、链传动、带传动及蜗杆传动。

多级机械传动的总传动比等于各级传动比的连乘积。各种单级机械传动的最大传动比见表 1－2 所示。通常情况下传动尺寸是限制各种机械传动最大传动比（单级）的主要因素。

表 1-2　各种机械传动的主要特性

特　性	摩　擦　传　动			啮　合　传　动		
	摩擦轮传动	平带传动	V 带传动	齿轮传动	蜗杆传动	链传动
传动效率 η（%）	80～90	94～98	90～96	95～99	50～90	92～98
圆周速度 v_{max}（m/s）	25（20）	60（10～30）	30（10～20）	150（15）	35（15）	40（5～20）
单级传动比 i_{max}	20（5～12）	7（5）	10（7）	8（5）	1000（8～100）	15（8）
传动功率 P_{max}（kW）	200（20）	3 500（200）	500	40 000	750（50）	3 600（100）
中心距大小	小	大	中	小	小	中
传动比是否准确	否	否	否	是	是	是（平均）
能否过载保护	能	能	能	否	否	否
缓冲、减振能力	因轮质而异	好	好	差	差	有一些
寿命长短	因轮质而异	短	短	长	中	中
噪　声	小	小	小	大	小	大
价格（包括轮子）	中等	廉	廉	较贵	较贵	中等

注：（　）内为常用数字；对于蜗杆传动，v_{max}为最大相对滑动速度 $v_{s\,max}$。

设计、选用机械传动系统时，一般情况下可能会有几种不同的传动方案同时满足条件，通常可根据效率、成本、体积、重量、维护保养等方面进行全面比较，从中选择一种综合性能较好、性价比较高的方案。

“机械传动性能参数测试与分析实验”是测试与分析机械传动特性的基本实验，它是分析与研究机械传动装置的特性以及进行机械传动装置创新性设计等的重要实践基础。

根据实验要求不同，“机械传动性能参数测试与分析实验”分为基本型实验、综合设计型实验和研究创新型实验 3 种类型。

实验 1　单级机械传动装置性能参数测试实验（基本型）

一、实验目的

（1）掌握转速、转矩、传动功率、传动效率等机械传动性能参数测试的基本原理和方法。

（2）通过实验，了解各种单级机械传动装置的特点，对各种单级机械传动装置的传动功率大小范围有定量的认识。

（3）通过实验，了解带传动中的弹性滑动现象、打滑现象及其与带传动工作能力之间的关系。

（4）通过实验，了解链传动的动态特性（多边形效应）及其对链传动的影响。

（5）了解 ZJS50 系列综合设计型机械设计实验装置的基本构造及其工作原理。

二、实验内容

1. 摩擦传动性能参数测试实验

（1）观察带传动的弹性滑动及打滑现象。

（2）绘制带传动效率曲线及滑动率曲线。

2. 啮合传动性能参数测试实验

（1）绘制齿轮传动的效率曲线。

（2）绘制蜗杆传动的效率曲线。

（3）观察链传动的动态特性（多边形效应），绘制链传动效率曲线。

三、实验装置与工作原理

实验装置采用西南交通大学研制的 ZJS50 系列综合设计型机械设计实验装置（见书后彩页）。该实验装置是一种模块化、多功能、开放式的，具有工程背景的教学与科研兼用的新型机械设计综合实验装置，其主要由动力模块（库）、传动模块（库）、支承联接及调节模块（库）、加载模块（库）、测试模块（库）、工具模块（库）及控制与数据处理模块（库）等组成，通过对各模块（库）的选择及装配搭接，实现“带传动”、“链传动”、“齿轮传动”、“蜗杆传动”等典型的单级机械传动装置性能测试，以及其他新型传动装置性能测试等的基本型实验，更可进行多级组合机械传动装置性能测试等的基本实验，形成如“带－齿轮传动”、“齿轮－链传动”、“带－链传动”、“带－齿轮－链传动”等多种组合传动系统的性能比较、布置优化等综合设计型实验及分析、研究相关参数变化对机械传动系统基本特性的影响、机械传动系统方案评价等研究创新型实验。

实验装置的基本组成如下：

1. 动力模块（库）

（1）Y90L－4 电动机：额定功率 1.5 kW；同步转速 1 500 r/min；额定电压下，最大转矩与额定转矩之比为 2.3。

（2）MM420－150/3 变频器：用于控制三相交流电动机的速度；输入电压（380～480）V±10%；功率范围 1.5 kW；输入频率 47～63 Hz；输出频率 0～650 Hz；功率因数 0.98；控制方法：线性 V/f 控制，带磁通电流控制（FCC）的线性 V/f 控制，平方 V/f 控制，多点 V/f 控制。

2. 传动模块（库）

（1）V 带传动：带及带轮，Z 型带，带轮基准直径 $d_{d1}=d_{d2}=106$ mm。

（2）链传动：链及链轮，链号：08B，链节距 $p=12.70$ mm，链轮齿数：$Z_1=Z_2=21$。

（3）JSQ－XC－120 齿轮减速器（斜齿）：减速比 1∶1.5，齿数 $Z_1=38$、$Z_2=57$，螺旋角 $\beta=8°16'38''$，中心距 $a=120$ mm，法面模数 $m_n=2.5$。

（4）NRV063 蜗杆减速器：蜗杆类型 ZA，轴向模数 $m=3.250$，蜗杆头数 $Z_1=4$，蜗轮齿数 $Z_2=30$，减速比 1∶7.5，中心距 $a=63$ mm；松开弹簧卡圈可改变输出轴的方向。

3. 支承联接及调节模块（库）

基础工作平台、标准导轨、专用导轨、电机－小传感器垫块－01、电机－小传感器垫块－02、小传感器垫块、大传感器垫块－01、大传感器垫块－02、蜗杆垫块－01、蜗杆垫块－02、磁粉制动器垫块、专用轴承座、新型联轴器（Flexible Jaw Couplings）、带轮及链轮快速张紧装置（Stock Taper Bushings），以及各种规格的联接件（键、螺钉、螺栓、垫片、螺母等）等。

4．加载模块（库）

（1）CZ－5型磁粉制动（加载）器：额定转矩50 N·m，激磁电流0.8 A，允许滑差功率4 kW。

（2）WLY－1A稳流电源：输入电压：AC220 V±10%，50/60 Hz；输出电流：0～1 A；稳流精度：1%。

5．测试模块（库）

（1）实验数据测试及处理软件：实验教学专用软件。

（2）ZJ0D型转矩转速传感器：额定转矩20 N·m；转速范围：0～10 000 r/min；转矩测量精度：0.1～0.2级；转速测量精度：±1 r/min。

（3）NJ1D型转矩转速传感器：额定转矩50 N·m；转速范围：0～6 000 r/min；转矩测量精度：0.1～0.2级；转速测量精度：±1 r/min。

（4）JX－1A机械效率仪：转矩测量范围0～99 999 N·m；转速测量范围：0～30 000 r/min。

6．工具模块（库）

配套齐全的装拆调节工具。

7．控制与数据处理模块（库）

实验装置的控制模块、数据采集、处理模块（除传感器外）及加载模块等集中配置于一个分置式实验控制柜内。通过对被测实验传动装置的动力、数据采集、处理及加载等控制，将传感器采集的实验测试数据通过A/D转换器以RS232的方式传送到测试模块，再由测控模块计算机系统的专用实验教学软件进行实验数据分析与处理，实验结果可直接在计算机屏幕上显示，或由打印机打印输出实验结果，完成实验。

实验装置的基本构造框图如图1－1所示、实验装置的控制原理框图如图1－2所示、实验装置的数据采集及加载原理框图如图1－3所示。

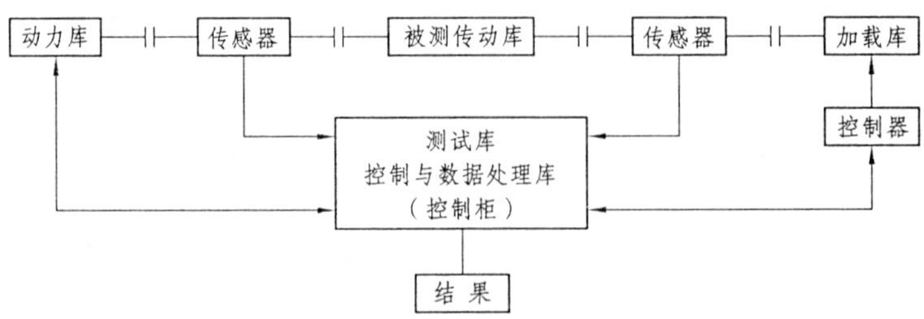

图1－1 实验装置的基本构造框图

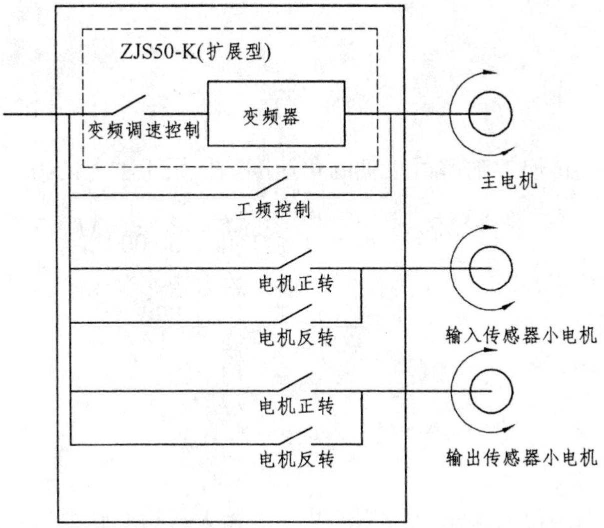

图 1-2　实验装置的控制原理框图

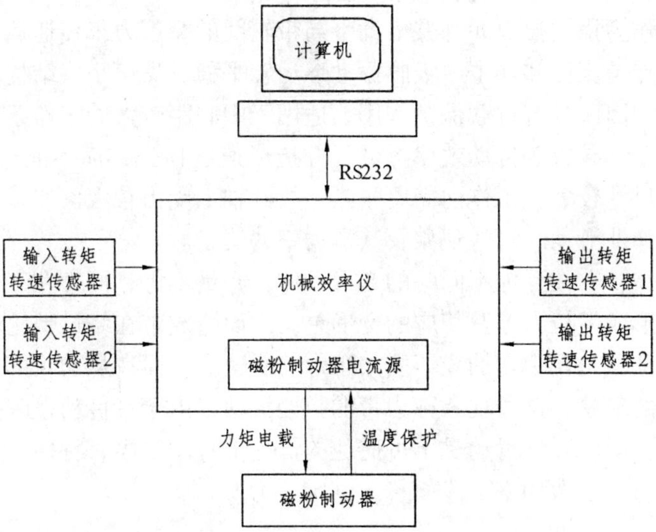

图 1-3　实验装置的数据采集及加载原理框图

四、实验原理和方法

1. 传动效率 η 及其测定方法

效率 η 表示能量的利用程度。在机械传动中，输入功率 P_i 应等于输出功率 P_o 与损耗功率 P_f 之和，即

$$P_i = P_o + P_f \tag{1-1}$$

式中，P_i 为输入功率，kW；P_o 为输出功率，kW；P_f 为损耗功率，kW。则传动效率 η 定

义为

$$\eta = \frac{P_o}{P_i} \tag{1-2}$$

由力学知识知，轴传递的功率可按轴的角速度和作用于轴上的力矩由下式求得：

$$P = M\omega = \frac{2\pi n}{60 \times 1\,000}M = \frac{\pi n}{30\,000}M \tag{1-3}$$

式中，P 为轴传递的功率，kW；M 为作用于轴上的力矩，N·m；ω 为轴的角速度，rad/s；n 为轴的转速，r/min。

则传动效率 η 可改写为

$$\eta = \frac{M_o n_o}{M_i n_i} \tag{1-4}$$

由此可见，若能利用仪器测出机械传动装置的输入转矩和转速以及输出转矩和转速，就可以通过式（1-4）计算出传动装置的传动效率 η。

在本实验中，采用转矩转速传感器来测量输入转矩和转速以及输出转矩和转速。

2. 带传动的滑动率测定及预紧力控制与测定

带传动是以带作为挠性拉曳元件并借助带与带轮间的摩擦力来传递运动或动力的一种摩擦传动。其主要特点是能缓和冲击、吸收振动、运转平稳、噪声小、结构简单，过载时将引起带在带轮上打滑，因而具有过载保护作用，适用于中心距较大的工作条件。但由于带传动工作时存在弹性滑动，导致其传动效率降低，并造成速度损失，而不能保持准确的传动比，而且带传动的外廓尺寸较大，工作前需要张紧，故其轴上受力较大。

(1) 带传动的弹性滑动、打滑现象及其滑动率的测定。

由于带是弹性体，它在受力不同时的变形（伸长）量不等；而带在工作时，紧边和松边的拉力不同，这就形成了拉力差及相应的变形差，进而造成带在绕过带轮时，在摩擦力的作用下，其在主动轮部位出现带轮的线速度大于带的线速度，而在从动轮部位出现带轮的线速度小于带的线速度的现象，这种现象称为带的弹性滑动。由于带传动是摩擦传动，摩擦力是这类传动所必需的，所以弹性滑动是不可避免的，是带传动的固有特性。

带的弹性滑动通常以滑动率 ε 来衡量，其定义为

$$\varepsilon = \frac{v_1 - v_2}{v_1} = \frac{n_1 D_1 - n_2 D_2}{n_1 D_1} \tag{1-5}$$

式中，v_1、v_2 为主、从动轮的圆周速度，m/s；n_1、n_2 为主、从动轮的转速，r/min；D_1、D_2 为主、从动轮的直径，m。

因此，只要能测得带传动主、从动轮的转速以及带轮直径，就可以通过式（1-5）计算出带传动的滑动率 ε。

带传动的滑动率 ε 一般为 1% ～ 2%；当 $\varepsilon > 3\%$ 时，带传动将开始打滑。

带传动工作过程中，当载荷大到使弹性滑动扩展到整个带与带轮的接触弧时，带在带轮上开始全面滑动，这种现象就称为打滑。打滑时带的磨损急速加剧，传动效率急剧下降，从动轮转速急剧降低甚至停止转动，致使传动失效。打滑现象对于正常工作的带传动来说是不

希望发生的，应予以避免（用作过载保护时除外）。

带传动的主要失效形式是带的磨损、疲劳破坏和打滑。带的磨损是由于带与带轮间的弹性滑动引起的，是不可避免的；带的疲劳破坏是由于带在工作中所受的交变应力引起的，与带传动的载荷大小、工作状况、运行时间、带轮直径等因素有关，也是不可避免的；而带的打滑是由于载荷超过带的极限工作能力而产生的，是可以避免的。

(2) 带的预紧力控制与测定。

带传动在工作前需进行张紧，而预紧力的大小是保证带传动能否正常工作的重要条件。预紧力不足，则带与带轮间的极限摩擦力小、传动能力低、容易发生打滑；预紧力过大，又会使带的寿命降低、轴和轴承上的压力增大。

单根 V 带最合适的预紧力 F_0 可按下式计算：

$$F_0 = 500\left(\frac{2.5}{K_\alpha} - 1\right)\frac{P_d}{zv} + mv^2 \quad (\text{N}) \tag{1-6}$$

式中，K_α 为小带轮包角修正系数；P_d 为设计功率，kW；z 为 V 带的根数；m 为 V 带每米长的质量，kg/m；v 为带速，m/s。

在带传动中，为了测定预紧力 F_0，通常是在带与带轮的切边中点处加一垂直于带边的载荷 G，使其产生规定的挠度 f（使切边长每 100 mm 产生 1.6 mm 的挠度 f）来控制，如图 1－4 所示。

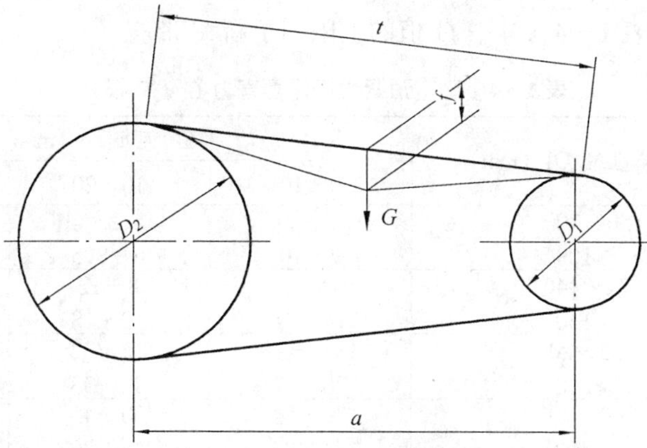

图 1－4　带传动预紧力的控制

图中切边长 t 可以实测，或用下式计算：

$$t = \sqrt{a^2 - \frac{(D_2 - D_1)^2}{4}} \quad (\text{mm}) \tag{1-7}$$

式中，a 为两轮轴间距，mm。

切边长 t 在载荷 G 作用下产生的挠度 f 为

$$f = \frac{1.6t}{100} \quad (\text{mm}) \tag{1-8}$$

载荷 G 值可由下式计算：

➢ 新安装的 V 带： $$G = \frac{1.5F_0 + \Delta F_0}{16} \quad (N) \tag{1-9}$$

➢ 运转后的 V 带： $$G = \frac{1.3F_0 + \Delta F_0}{16} \quad (N) \tag{1-10}$$

➢ 最小极限值： $$G = \frac{F_0 + \Delta F_0}{16} \quad (N) \tag{1-11}$$

式中，ΔF_0 为预紧力修正值（见表 1－3），N。

表 1－3　V 带的预紧力修正值 ΔF_0

带　　型		ΔF_0（N）
普通 V 带	Y	6
	Z	10
	A	15
	B	20
	C	29
	D	59
	E	108

G 值亦可以参考表 1－4，其中 G 值的上限用于新 V 带。

表 1－4　测定预紧力所需垂直力 G（N/根）

带　　型		小带轮直径 D_1（mm）	带速 v（m/s）		
			0～10	10～20	20～30
普通V带	Z	50～100	5～7	4.2～6	3.5～5.5
		＞100	7～10	6～8.5	5.5～7
	A	75～140	9.5～14	8～12	6.5～10
		＞140	14～21	12～18	10～15
	B	125～200	18.5～28	15～22	12.5～18
		＞200	28～42	22～33	18～27
	C	200～400	36～54	30～45	25～38
		＞400	54～85	45～70	38～56
	D	355～600	74～108	62～94	50～75
		＞600	108～162	94～140	75～108
	E	500～800	145～217	124～186	100～150
		＞800	217～325	186～280	150～225

五、实验步骤与方法

（1）点击进入“西南交通大学机械基础实验教学示范中心”网站，网上预习“单级传动装置性能参数测试实验”课件。

（2）观察相关实验平台的各部分结构，检查实验平台上各设备、电路及各测试仪器间的信号线、连接线是否可靠连接。

（3）用手转动被测传动装置，检查其是否转动灵活及有无阻滞现象。

（4）实验数据测试前，应对测试设备进行调零。调零时，应将传感器负载侧联轴器脱开，启动主电动机，调节 JX－1A 机械效率仪的零点，以保证测量精度；在负载不便脱开时，启动传感器顶部的小电动机，并使其转向与实验时传感器输出轴的转向相反，按仪器（或实验测试软件）的“清零”键，使仪器转矩显示为零；停止传感器顶部的小电动机转动，调零结束，即可开始实验。

（5）启动主电动机进行实验数据测试。实验测量应从空载开始，无论进行何种实验，均应先启动电机，后施加载荷，严禁先加载后开机。在施加实验载荷时，应平稳旋动 WLY－1A 稳流电源的激磁旋扭，并注意输入传感器的最大转矩不应超过其额定值的 120%。

（6）在实验过程中，如遇电机及其他设备的转速突然下降或者出现不正常的噪音、振动或温升时，必须卸载或紧急停车，以防电机突然转速过高而烧坏电机、设备及其他意外事故的发生。

（7）实验测试完毕后，关闭控制柜主电源及各测试设备电源。

（8）根据实验要求，完成实验报告。

☆ ZJS50 系列“综合设计型机械设计实验装置实验教学测试软件系统”简介

运行 experimentmachine.exe，进入“综合设计型机械设计实验装置实验教学测试软件系统”，其主菜单包含：

[实验管理]、[变量设置]、[实验报告]、[系统设置]、[帮助]、[退出] 功能。

1．系统设置

其子菜单有 [串口设置]、[参数设置] 与 [机械效率仪调零]。

（1）串口设置。

点击 [系统设置] 下的 [串口] 子菜单，进入“串口参数选择”对话框。首先根据实际情况进行串口选择，接下来的波特率、数据位、停止位及通道地址的设置则如图 1－5 所示。机械效率仪输出通道地址设置为 10，输入通道地址设置为 9。将机械效率仪的输出信号接入测试计算机的串口 1（COM1）或串口 2（COM2）。

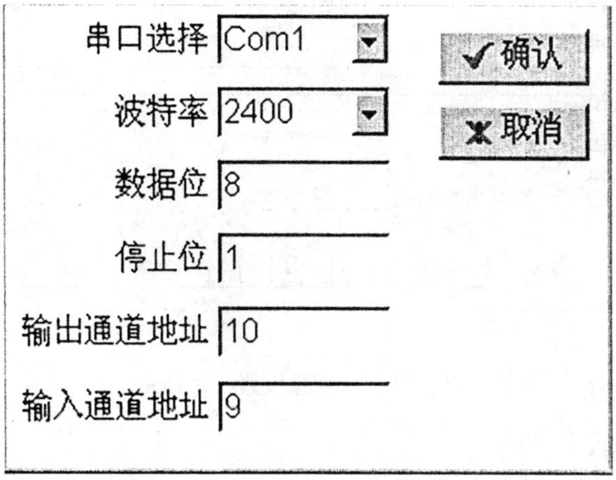

图 1－5　“串口参数选择”对话框

(2) 参数设置。

点击［系统设置］下的［参数］子菜单，进入“参数选择”对话框，如图1－6所示。

图1－6 “参数选择”对话框

根据使用的转矩转速传感器的说明书（铭牌）进行扭矩系数设置，根据空载时的数据进行扭矩零点编辑（参见相关的机械效率仪使用说明书）。

(3) 调零。

点击［系统设置］下的［调零］子菜单，按照上一步输入的扭矩零点数据调整机械效率仪的零点。

2. 变量设置

点击［变量设置］，进入“变量设置”对话框（见图1－7）。测量参数与系统预置参数均不能被修改，前者是直接测量，后者是根据直接测量的数据经过计算得到的。其中：

传动效率＝输出功率/输入功率

滑动率＝（主动轮线速度－从动轮线速度）/主动轮线速度

若实验需要，可自行定义测量参数，方法是：点击“＋”按钮增加一行，录入“参数名称”、“参数符号”和“计算公式”，点击“√”按钮完成参数添加。

【注意】计算公式中所引用的测量数据只能是输入转矩 T_1、输出转矩 T_2；输入转速 n_1、输出转速 n_2；输入功率 P_1 和输出功率 P_2。

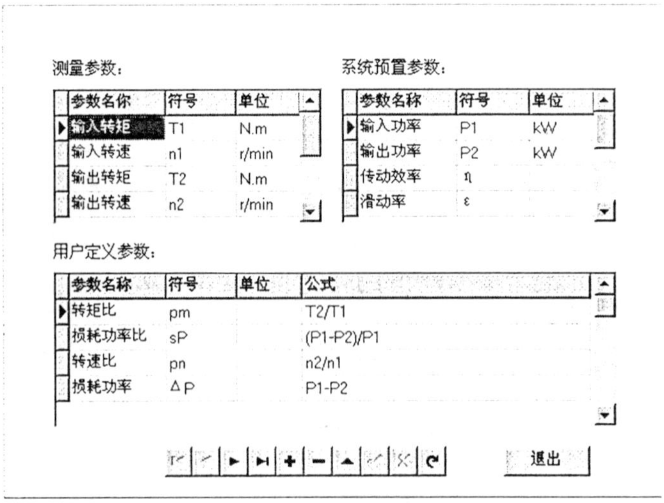

图1－7 “变量设置”对话框

3. 实验数据测试系统

(1) 录入实验的基本信息。

点击［实验管理］菜单，选择“新建实验”项，进入“实验记录基本信息”对话框，如图1－8所示。

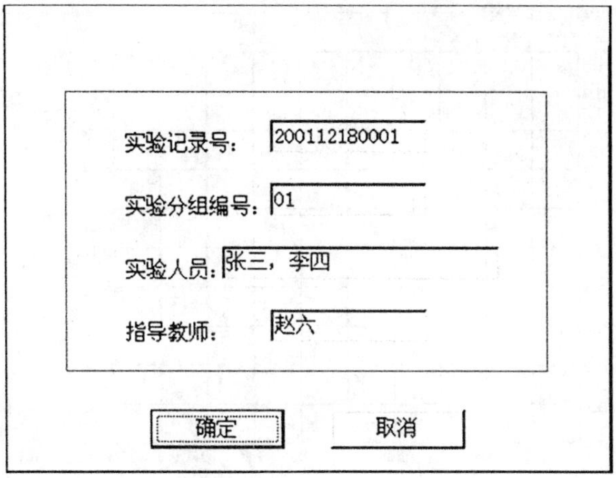

图 1-8　“实验记录基本信息”对话框

实验记录号是由系统自动生成的 12 位（8 位年月日编码 +4 位流水号）数字构成的。使用者在相应的编辑栏中录入实验分组编号、实验人员名单、指导教师姓名后，点击“确定”按钮进入“实验参数设置”对话框。

(2) 设置实验参数（见图 1-9）。

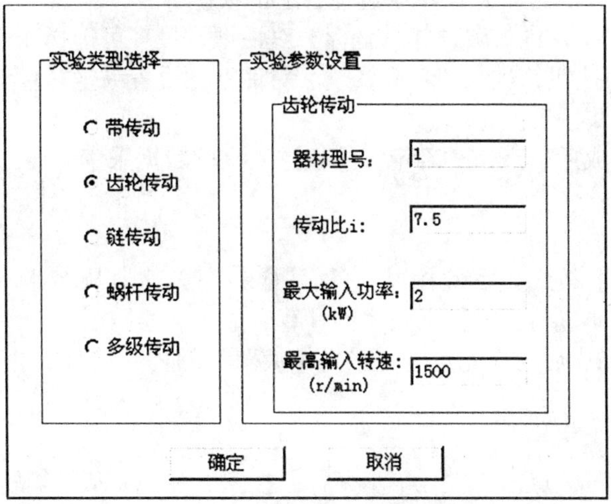

图 1-9　“实验参数设置”对话框

① 选择实验类型。

② 录入相应的实验参数。

其中最大输入功率（kW）、最高输入转速（r/min）是用于计算转矩（或工作拉力）的量程。在调速实验中，最高输入转速也是第一条效率曲线的转速默认值。建议实验时第一条曲线在此最高转速下测试。

(3) 横、纵坐标与量程选择。

“横、纵坐标与量程选择”对话框如图 1-10 所示，其操作方式为：

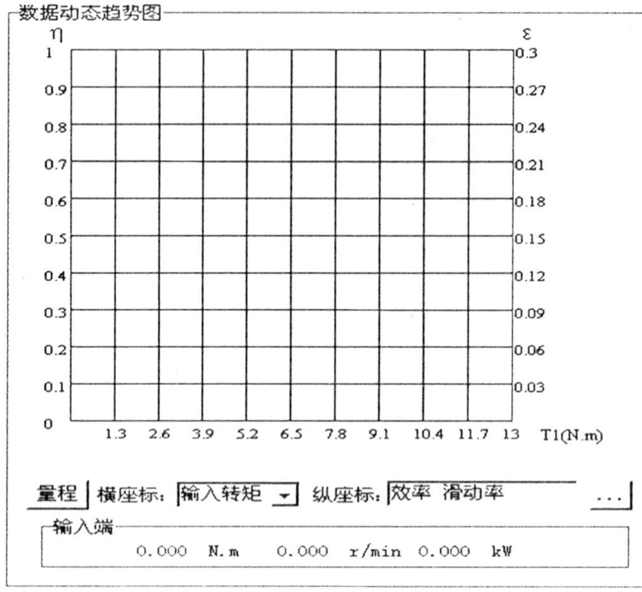

图 1-10 “横、纵坐标与量程选择”对话框

① 点击“▼”按钮，从下拉菜单中选择合适的横坐标。

② 点击“…”按钮，进入“选择纵坐标”对话框，最多可选择 4 个不同的纵坐标。

③ 点击“量程”按钮，进入“量程修改”对话框，设置纵坐标量程。

(4) 实验数据采集。

实验参数录入完成后，点击“确定”按钮进入实验数据采集界面，数据采集有连续采样和单步采样两种方式：

① 连续采样。

点击［连续采样］按钮，系统将以 1 Hz 采样频率连续地从转矩转速传感器读取转速、转矩和功率数据，同时进行机械传动效率的计算、显示和绘图。

【注意】 在实验完成后，应先点击“采样结束”按钮停止采样，再卸载，否则传动效率曲线将会失真。

② 单步采样。

在系统稳定运行时，点击一次［单步采样］按钮，系统将从转矩转速传感器读取一组转速、转矩和功率数据，同时进行机械传动效率的计算、显示和绘图。多次点击便可得到多组数据，这样可得到较“连续采样”更平滑的传动效率曲线图。

③ 调速实验。

若要比较不同输入转速下的传动效率特性，可在采样结束后，点击“调速实验”按钮，录入新的输入转速，重复前述采样步骤便可得到不同转速下的传动效率曲线。

(5) 数据保存。

实验完成后，点击“采样结束”按钮停止数据采集，点击“保存”按钮可将实验数据保存，以便查询和打印。若对实验结果不满意，可点击“取消”按钮。

(6) 退出实验。

点击“退出”按钮即可退出实验。

4. 实验数据的查询和打印

(1) 进入查询界面。

点击［实验报告］菜单项，进入“实验数据查询”界面，如图1－11所示。

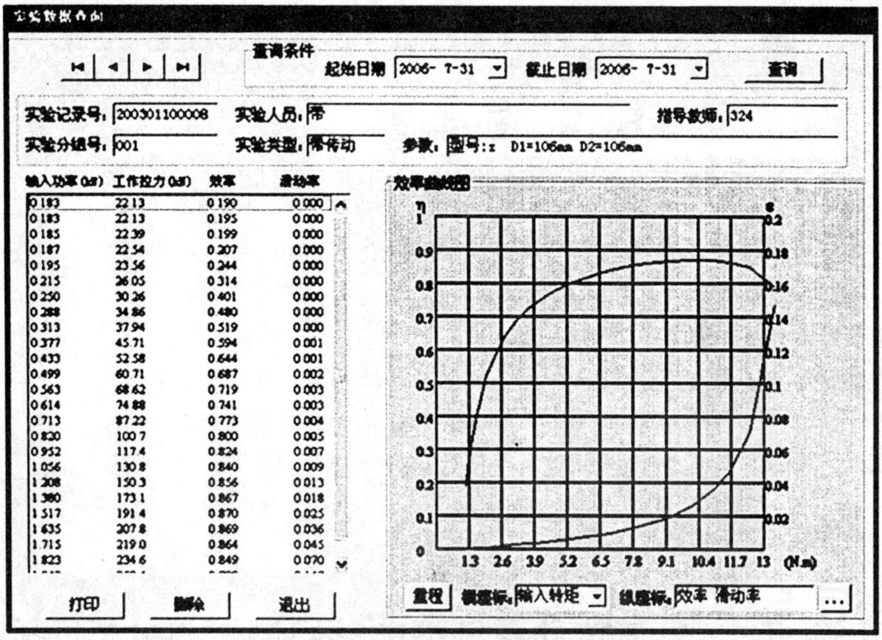

图1－11　“实验数据查询”界面

(2) 设置查询范围。

系统默认的查询范围是所有实验记录。用户可通过选择“起始日期”和“截止日期”来设置查询范围。

(3) 查询实验结果。

点击“查询”按钮，可得到所设范围内的所有实验记录。点击“箭头”按钮则依次显示出历次实验记录的数据和效率曲线图。

(4) 横、纵坐标与量程编辑。

①点击“▼”按钮，从下拉菜单中选择合适的横坐标；

②点击“…”按钮，进入“选择纵坐标”对话框，最多可选择4个不同的纵坐标。

③点击“量程”按钮，进入“量程修改”对话框，修改纵坐标量程。

(5) 打印实验报告。

点击“打印”按钮，系统将以第(4)步所选的纵、横坐标与量程打印当前实验记录的实验报告。首先打印传动效率曲线，同时弹出“是否打印实验测试数据”对话框，如图1－12所示。

点击“Yes”按钮，打印实验测试数据。

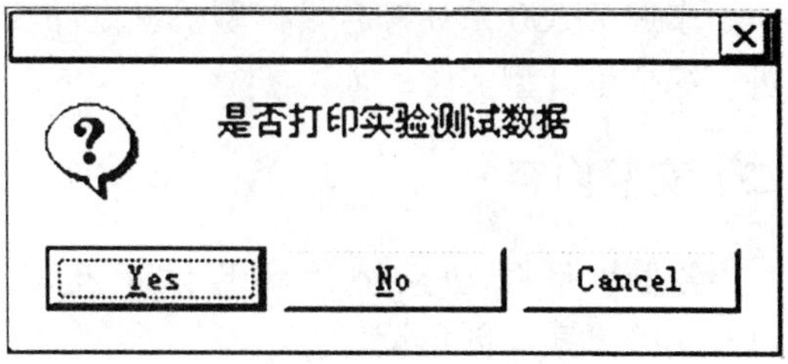

图1－12　“是否打印实验测试数据”对话框

点击“No”按钮，则不打印实验测试数据。

(6) 删除历史记录。

查询并显示出要删除的历史实验记录，点击“Cancel”按钮进行历史记录的删除。

5. 退出系统

点击菜单“退出”按钮，退出“综合设计型机械设计实验装置实验教学测试软件系统”。

思考题

1. 影响带传动的弹性滑动与传动能力的因素有哪些？对传动有何影响？

2. 带传动的弹性滑动现象与打滑现象有何区别？它们产生的原因是什么？当 $D_1 = D_2$ 时判断打滑发生在哪个带轮上并试分析原因？

3. 啮合传动装置的效率与哪些因素有关？为什么？

4. 啮合传动中各种传动类型各有什么特点？其应用范围如何？

5. 通过实验，比较带传动与链传动的主要特点及应用范围。

6. 通过实验，讨论摩擦传动与啮合传动的主要特性如何？

实验2 机械传动系统性能参数测试与分析实验（综合设计型）

一、实验目的

(1) 了解、掌握综合机械传动系统的基本特性以及实验的测试原理与方法，提高进行综合设计实验的能力。

(2) 根据给定的实验内容、设备及条件，开发、培养、提高学生的工程实践能力、科学实验能力、创新能力、动手能力及团队工作能力。

(3) 根据实验项目的要求，进行有关综合机械传动系统及其组成等综合机械传动实验方案的创意设计，完成实验装置的设计、搭接、组装及调试、实验测试方法的选择、实验操作规程的制定、实验数据采集与实验结果分析等实验内容。

(4) 掌握 ZJS50 系列综合设计型机械设计实验装置在现代实验测试手段方面的新方法，培养进行综合设计型实验的能力。

二、实验内容

1. 综合机械传动系统的实验方案及实验装置的创意设计

(1) 实验方案的创意设计。

(2) 综合机械传动系统的方案选择设计。

(3) 测试方案及测试仪器的选择设计。

(4) 绘制实验装置的结构简图。

2. 综合机械传动系统实验装置的搭建

(1) 搭接、组装实验装置。

(2) 调试实验装置。

(3) 制定实验操作规程。

3. 实验操作与结果分析

(1) 实验结果测试。

(2) 实验结果分析。

(3) 完成实验报告。

三、实验设备

(1) ZJS50 系列综合设计型机械设计实验装置（参见本章实验 1）。

(2) 实验室提供的相关实验设备、装置及测试仪器等。

四、实验要求

(1) 根据实验项目要求，提出科学的、详细可行的实验方案（包括实验内容、原理和方法以及所需的实验仪器与设备等）。

(2) 利用现有的实验设备、装置与测试仪器等，构建能进行上述实验项目的实验装置并绘制实验装置的结构简图。

(3) 根据实验项目要求，制定实验操作规程，完成实验操作。

(4) 完成实验测试，并按实验项目要求进行实验结果分析。

(5) 完成实验报告（可根据实验项目要求自行制订）。

五、实验注意事项

(1) 树立严肃认真、一丝不苟的工作精神，掌握正确的实验方法，养成良好的实验习惯，爱护公共设备与财物。

(2) 严格遵守实验室的规章制度，注意保持实验室的环境整洁。

(3) 实验装置搭建完成后，应经过指导教师检查、审定，方可开机操作。

(4) 实验时应严格遵守设备及仪器的操作规程，注意人身安全。

(5) 实验结束后应整理全部仪器、装置与附件，并恢复原位。

(6) 认真完成实验报告。

六、实验步骤与方法

(1) 点击进入“西南交通大学机械基础实验教学示范中心”网站，网上预习“机械传动系统性能参数测试与分析实验”课件。

(2) 根据实验项目要求，进行实验方案及实验装置的创意设计。

(3) 实验装置的安装。

观察相关实验装置各部分的结构，注意各设备间的安装精度，检查实验平台上各设备、电路及各测试仪器间的信号线是否连接正确、可靠。

☆各主要设备及装置的中心高及轴径尺寸

① Y90L－4 电动机：中心高 90 mm、轴径 Φ24。

② ZJ0D 型转矩转速传感器：中心高 60 mm、轴径 Φ12。

③ NJ1D 型转矩转速传感器：中心高 85 mm、轴径 Φ26。

④ CZ－5 型磁粉制动（加载）器：中心高 150 mm、轴径 Φ22。

⑤ JSQ－XC－120 齿轮减速器（斜齿）：中心高 150 mm、轴径 Φ19、Φ22。

⑥ NRV063 蜗杆减速器：（上置）输入轴中心高 135 mm、轴径 Φ19；输出轴中心高 72 mm、轴径 Φ25；（下置）输入轴中心高 39 mm；输出轴中心高 102 mm。

⑦ 轴承座（带、链传动专用）：中心高 150 mm、轴径 Φ22。

在有带、链传动的实验装置中，为防止压轴力直接作用于转矩转速传感器上而影响测试精度，实验时一定要安装实验装置配置的专用轴承座。

带轮、链轮与轴的联接采用了新型紧定锥套（Stock Taper Bushings）联接结构，装拆方便、快捷，安装时应保证固定可靠；拆卸时应用螺钉拧入顶出孔顶出锥套。

（4）实验装置的调试。

实验装置在正式实验工作前应进行调试，以保证实验的正常进行。用手转动被测传动装置，判断其是否转动灵活、有无阻滞等现象；开机试运行几分钟，观察实验装置的运行情况，发现异常情况应立即停机予以排除。

（5）测试设备初始参数设置及调零。

进行实验数据测试前，应对测试设备进行初始参数的设置和测试设备的调零，以保证测量精度。具体操作程序参见相关设备的使用说明书及技术文件。

（6）启动实验装置进行实验数据测试。

实验测量应从空载开始。无论进行何种实验，均应先启动电机，后施加载荷，严禁先加载后开机。在施加实验载荷时，应保持平稳加载，并注意不超过电动机、传感器等设备的许用量程范围。

（7）在实验过程中，如遇电动机转速突然下降或者出现不正常的噪音和振动、其他设备出现异常（振动、噪音、温升等）时，必须立即卸载或紧急停车，以防烧坏电机、电器、设备，防止意外事故的发生。

（8）实验完毕后，关闭实验装置及各设备的电源。

（9）根据实验要求，完成实验报告。

思考题

1．实验装置组装时各模块间是如何联接的？它们的相对几何位置是如何调整的？

2．实验装置采用的是什么类型的传动？有什么特点？

3．实验装置采用的是什么类型的加载方式？其特点如何？

4．实验装置中采用了哪些测试仪器？其工作原理及特点如何？

5．分析实验装置在实验测试中测得的传动效率值的真实含义。

6．影响多级机械传动系统效率的因素有哪些？当机械传动系统已定时，系统效率应是常数还是变数？为什么？

实验3　机械传动系统性能及方案比较与研究（研究创新型）

一、实验目的

(1) 了解、掌握相关参数变化对机械传动系统基本特性的影响。

(2) 根据实验项目要求，通过实验测试与分析，定量评价、比较机械传动方案的优劣。

(3) 通过实验与撰写实验研究论文，扩展理论教学内容，提高科学研究的能力，增强创新意识与工程实践能力。

二、实验内容

1. 分析、研究参数变化对机械传动系统基本特性的影响

(1) 传动功率变化对机械传动系统基本特性的影响。

(2) 传动速度变化对机械传动系统基本特性的影响。

(3) 传动比变化对机械传动系统基本特性的影响。

(4) 张紧力变化对带传动基本特性的影响。

(5) 润滑性能参数变化对啮合传动系统基本特性的影响。

2. 机械传动系统方案评价

(1) 根据实验结果，比较、评价几种不同的机械传动方案。

(2) 通过实验进行机械传动系统方案的优化。

3. 完成实验报告并撰写实验研究论文

三、实验设备

(1) ZJS50 系列综合设计型机械设计实验装置（参见本章实验 1 和实验 2）。

(2) 实验室提供的相关实验设备、装置及测试仪器等。

四、实验要求

(1) 利用相关实验设备、装置及测试仪器，根据实验要求，提出科学的、详细可行的实验方案（包括实验目的、内容、原理和方法、所需的实验仪器与设备等）。

(2) 构建能满足实验要求的实验装置，绘制实验装置的系统图和结构简图。

(3) 根据实验要求，制定实验操作规程，完成实验操作及实验测试，并按要求进行实验结果分析、完成实验报告。

(4) 撰写实验研究论文。

五、实验注意事项

(1) 增强创新意识与工程实践能力，树立严肃认真、一丝不苟的工作精神，养成实验时

的正确方法和良好习惯，维护国家财产不受损失。

(2) 严格遵守实验室的规章制度，注意保持实验室的环境整洁。

(3) 实验装置搭建完成后，必须经指导教师检查、审定后方可开机操作。

(4) 实验时应严格遵守设备及仪器的操作规程，注意人身安全。

(5) 实验结束后应整理全部仪器、装置及附件，并恢复原位。

(6) 认真撰写实验研究论文。

六、实验步骤与方法

根据实验项目内容、实验装置等自行制订实验操作步骤与方法（实验操作前，应认真阅读相关设备的使用说明书，并制订出实验操作规程，在教师的指导下进行实验操作，确保人身与设备的安全）。

七、撰写实验研究论文

此环节应在教师指导下，结合相关文献资料及实验结果独立撰写。实验研究论文主要包括如下内容：

(1) 实验项目的内容、原理和方法（包括实验方案的设计、实验装置的组装与操作等），

(2) 实验项目的理论分析与研究。

(3) 实验项目的结果分析与研究。

(4) 相关参数变化对机械传动系统基本特性影响的分析与研究。

(5) 以 ZJS50 系列综合设计型机械设计实验装置为基础，探讨如何扩大实验功能，有哪些创新方案？实验装置如何实现？

思 考 题

1. 根据实验结果，分析研究负载、转速、传动比、润滑、油温、张紧力等对传动性能的影响。

2. 多级机械传动系统方案的选择应考虑哪些问题？一般情况下宜采用何种方案？

3. 一般情况下，在由带传动、链传动等组成的多级机械传动系统中，带传动、链传动在传动系统中应如何布置？为什么？

第二章 滑动轴承实验

实验1 滑动轴承基本性能实验（基本型）

一、概 述

滑动轴承用于支承转动零件，是一种在机械中被广泛应用的重要零部件。根据轴承的工作原理，滑动轴承属于滑动摩擦类型。滑动轴承中的润滑油若能形成一定的油膜厚度而将作相对转动的轴承与轴颈表面分开，则运动副表面就不发生接触，从而降低摩擦、减少磨损，延长轴承的使用寿命。

根据流体润滑形成原理的不同，润滑油膜分为流体静压润滑（外部供压式）及流体动压润滑（内部自生式），本章讨论流体动压轴承实验。

流体动压润滑轴承其工作原理是通过轴颈旋转，借助流体粘性将润滑油带入轴颈与轴瓦配合表面的收敛楔形间隙内，由于润滑油由大端入口至小端出口的流动过程中必须满足流体流动连续性条件，从而润滑油在间隙内就自然形成周向油膜压力（见图 2－1），在油膜压力作用下，轴颈由图 2－1（a）所示的位置被推向图 2－1（b）所示的位置。

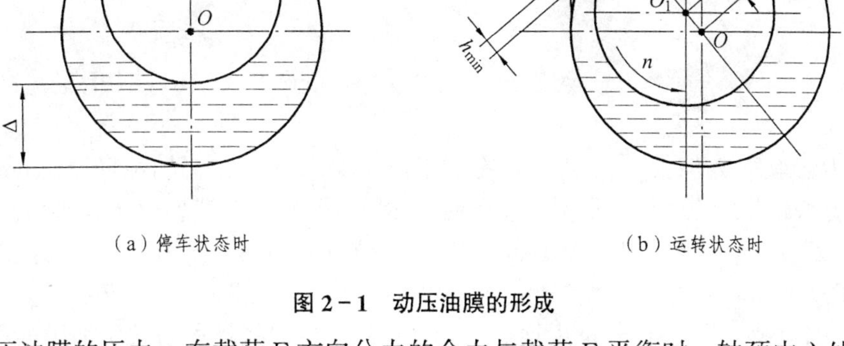

（a）停车状态时 （b）运转状态时

图 2－1 动压油膜的形成

当动压油膜的压力 p 在载荷 F 方向分力的合力与载荷 F 平衡时，轴颈中心处于某一相

应稳定的平衡位置 O_1，O_1 位置的坐标为 O_1（e，φ）。其中 $e=OO_1$，称为偏心距；φ 为偏位角（轴承中心 O 与轴颈中心 O_1 连线与外载荷 F 作用线间的夹角）。

随着轴承载荷、转速、润滑油种类等参数的变化以及轴承几何参数（如宽径比、相对间隙）的不同，轴颈中心的位置也随之发生变化。对处于工况参数随时间变化下工作的非稳态滑动轴承，轴心的轨迹将形成一条轴心轨迹图。

为了保证形成完全的液体摩擦状态，对于实际的工程表面，最小油膜厚度必须满足下列条件：

$$h_{\min}=S\ (R_{Z1}+R_{Z2}) \tag{2-1}$$

式中，S 为安全系数，通常取 $S\geqslant 2$；R_{Z1}、R_{Z2}分别为轴颈和轴瓦孔表面粗糙度的十点高度。

滑动轴承实验是分析滑动轴承承载机理的基本实验，它是分析与研究轴承的润滑特性以及进行滑动轴承创新性设计的重要实践基础。

根据要求不同，滑动轴承实验分为基本型、综合设计型和研究创新型三种类型。

二、实验目的

（1）掌握实验装置的结构原理，了解滑动轴承的润滑方式、轴承实验台的加载方法以及轴承实验台主轴的驱动方式及调速的原理。

（2）掌握实验台所采用的测试用传感器的工作原理。

（3）通过实验测试的周向油膜压力分布及轴向油膜压力分布，掌握滑动轴承中流体动压油膜形成的机理及滑动轴承承载机理。

（4）通过实验掌握工况参数和轴承参数的变化对滑动轴承润滑性能及承载能力的影响。

三、实验内容

对于基本型实验，实验内容如下：

（1）轴承中间平面上周向油膜压力分布曲线图［见图 2－2（a)］和轴向油膜压力分布曲线图［（见图 2－2（c)］。

（2）周向油膜压力分布曲线图的承载分量的曲线图［见图 2－2（b)］，求轴承的端泄影响系数 K。

考虑有限宽轴承在宽度 B 方向的端泄对油膜承载量的影响，其影响系数 K 可由下式求出：

$$K=\frac{F}{p_{\mathrm{m}}Bd} \tag{2-2}$$

式中，F 为轴承外载荷，N；B 为轴承有效工作宽度，mm；d 为轴颈直径，mm；p_{m} 为根据油膜压力承载分量的曲线图求出的动压油膜的平均压力，如图 2－2（b）所示。

图 2－2（a）为实测上轴瓦上均布测点 1～7 位置处的油膜压力形成的周向油膜压力分布曲线；图（b）为过这 7 个分点分别引垂线段 1－1″、2－2″、…、7－ 7″，使之分别等于图（a）中的油膜压力值的垂直分量后连成的光滑曲线，该曲线被称为动压油膜的承载分量曲线；图（c）为轴向油膜压力分布曲线。

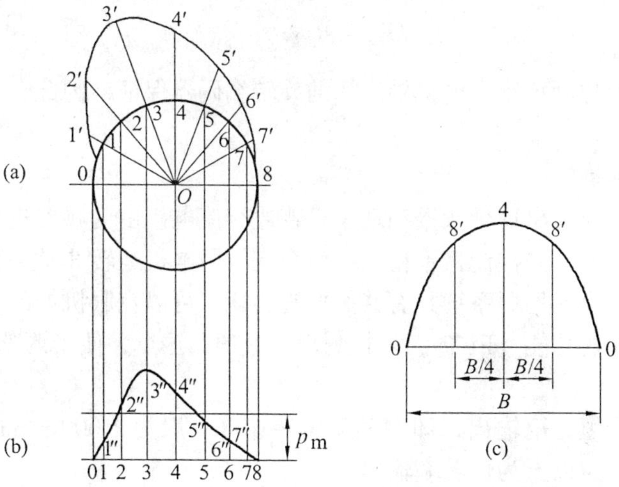

图 2－2　滑动轴承油膜压力分布曲线图

根据承载分量曲线和直径所围成的图形面积等于平均压力 p_m 与直径围成的矩形面积相等的条件,通过数方格数的方法即可求出 p_m 大小。再将求出的 p_m 值代入式 2－2 即可求出 K。

四、实验装置

实验装置采用西南交通大学研制的 ZHS20 系列滑动轴承综合实验台（见书后彩页）。该实验台主要由主轴驱动系统、静压加载系统、轴承润滑系统、油膜压力测试系统、油温测试系统、摩擦因素测试系统以及数据采集与处理系统等组成。

1. 主轴驱动系统及电机选择

实验台的主轴支承在实验台箱体上的一对滚动轴承上。该主轴的驱动电机需满足无极调速、低速大转矩及实验过程中能快速启停等要求。

驱动电机主要有交流异步电动机、直流电动机、步进电机、交流(直流)伺服电动机等类型。

交流伺服电动机的工作原理与普通交流异步电动机相似，但交流伺服电动机的转子电阻比异步电机的大得多，其转矩特性（转矩 T 与转差率 S 的关系）也因此较普通电机有很大区别（见图 2－3）。它可使临界转差率大于 1，这样不仅使转矩特性更接近于线性，而且具有较大的起动转矩，因此，伺服电机具有起动快、灵敏度高的特点。

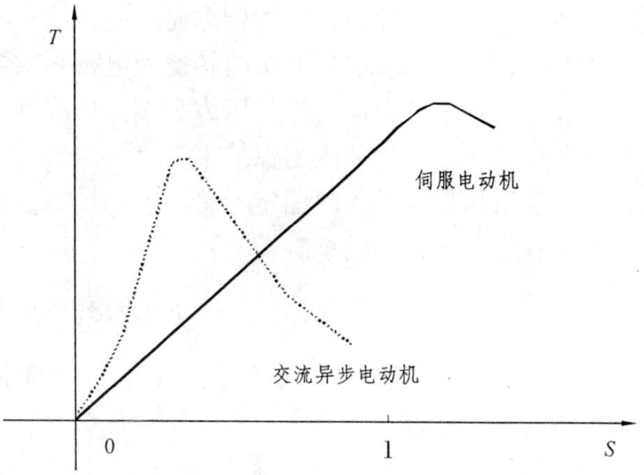

图 2－3　伺服电动机的转矩特性

目前，基于稀土永磁体的交流永磁伺服驱动系统，能提供最高水平的动态响应和扭矩密度。所以用交流伺服驱动取替传统交流调速、直流和步进调速驱动，以便使系统性能达到一个全新的控制水平，从而获得更宽的调速范围和更大的低速扭矩。因此，本实验台选用了交流伺服电动机，其优点归纳如下：

（1）控制精度高。

交流伺服电机的控制精度由电机轴后端的旋转编码器保证，因此，交流伺服具有极高的控制精度。

（2）低频特性好。

步进电机在低速时易出现低频振动现象；普通交流电机由变频器进行调速，在低频时的力矩小；直流电机在低速的控制极不稳定。而交流伺服电机运转非常平稳，即使在低速时也不会出现振动现象。交流伺服系统具有共振抑制功能，可以克服机械的刚性不足缺点，并且系统内部具有频率解析功能（FFT），可检测出机械的共振点，便于调整系统。

（3）矩频特性好。

交流伺服电机为恒力矩输出，即在其额定转速（一般为 1 000 r/min）以内，都能输出额定转矩，在额定转速以上为恒功率输出。

（4）过载能力强。

交流伺服电机具有较强的过载能力。它具有速度过载和转矩过载能力。其最大转矩为额定转矩的 3 倍，可用于克服惯性负载在启动瞬间的惯性力矩。

（5）运行稳定。

交流伺服驱动系统为闭环控制，驱动器可直接对电机编码器反馈信号进行采样，内部构成位置环和速度环，一般不会出现步进电机的丢步或过冲现象，控制性能更为可靠。

（6）响应速度快。

交流伺服系统的加速性能较好，从静止加速到其额定转速 1 000 r/min 仅需几毫秒，可用于要求快速启停的控制场合。

2．液压系统

实验台的液压系统功能，一是为实验轴承提供循环润滑系统，二是为轴承静压加载系统提供压力供油。液压系统框图如图 2－4 所示。

为了保证液压加载系统的稳定性，该系统采用变频恒压的控制方式。变频恒压供油系统主要由油泵、变频器、压力传感器组成，如图 2－5 所示。通过压力传感器对加载系统的压力监测，实时调节油泵电机的转速使电机－油泵－液压油路系统组成一个闭环控制系统。由于在各种转速下形成的油膜压力和端泄情况有一定的差别，通过变频恒压系统能真正地实现在各种转速下的加载压力保持不变。

若液压加载系统向固定于箱座上的加载盖板内的油腔输送的供油压力为 p_0 时，载荷即施加在轴瓦上，则轴承载荷为：

$$F=9.81\,(p_0A+G_0)\quad \text{N} \tag{2-3}$$

式中，p_0 为油腔供油压力，kgf/cm^2；A 为油腔在水平面上投影面积，$A=60\ \text{cm}^2$；G_0 为初始载荷（包括轴瓦自重、压力变送器重量等），$G_0=7.5$ kgf。

注：由于实际需要，本书保留了一些非国际标准制单位，1 kgf＝0.980 665 N。

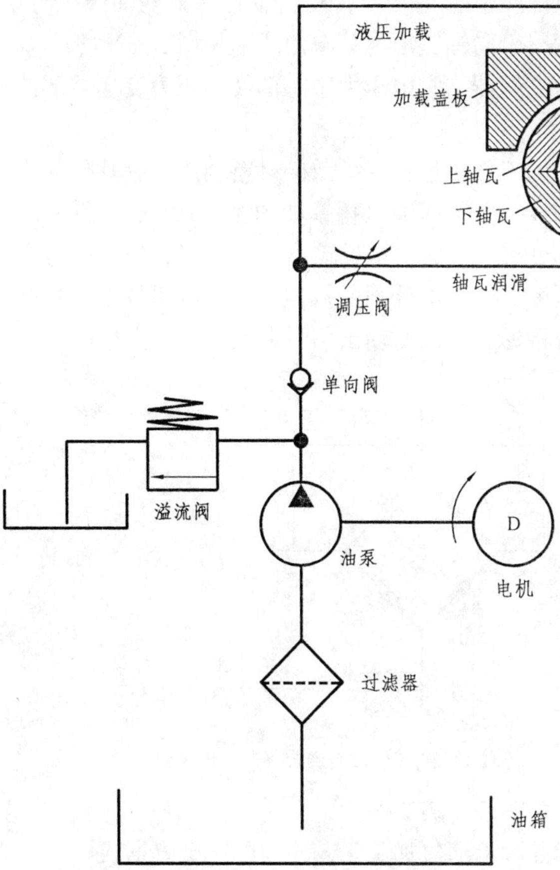

图 2-4　液压系统框图

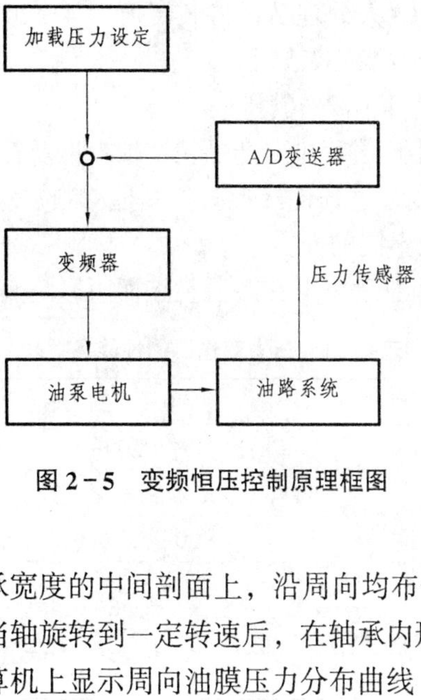

图 2-5　变频恒压控制原理框图

3. 油膜压力变送系统

在轴瓦上半部承载区轴承宽度的中间剖面上，沿周向均布钻有 1～7 共 7 个小孔，分别在小孔处安装压力变送器。当轴旋转到一定转速后，在轴承内形成动压油膜，通过压力变送器测出油膜压力值，并在计算机上显示周向油膜压力分布曲线（见图 2-2)。在轴瓦的有效

宽度 B 的 1/4 处，安装轴向油膜压力变送器 8，测出位置 8 处的油膜压力 p_8，根据轴向油膜压力分布对称原理，可以测得轴向油膜压力分布曲线［见图 2－2（c）］。

本实验台采用压阻式压力变送器，它由压力敏感部件与压力变送器部件组成。

（1）压力敏感部件。

扩散硅压阻式压力传感器的工作原理：以扩散硅材料制成的膜片作为弹性敏感元件，其硅晶片上通过微机加工工艺构成一个惠斯通电桥，如图 2－6 所示，图中 I 表示恒流源，R 表示电桥阻值，V_s 表示激励电压，V_o 表示电桥输出电压。当有外部压力作用时，膜片发生弹性变形，膜片的一部分受压缩，另一部分则受拉伸。两个电阻位于膜片的压缩区，另两个位于位伸区，并联成惠斯通全桥形式，以使输出信号最大。

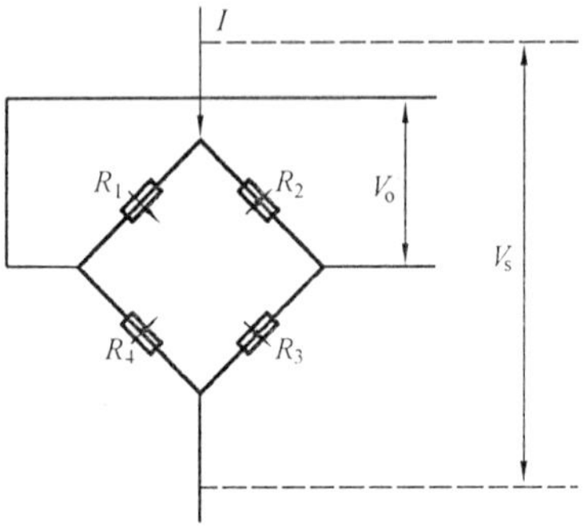

图 2－6　惠斯通电桥

（2）压力变送器部件（性能参数见表 2－1）。

因压力传感器是一个在硅晶片上通过加工工艺构成的一个惠斯通电桥，该电桥桥阻的变化与作用在其上的外部作用力大小成正比例关系。为了将电阻变化量转换为电压信号，给电桥提供最大 2 mA DC 的恒流源，用于激励压力传感器工作。信号放大和转换处理电路将惠斯通电桥产生的电压信号线性放大处理后，将其转换为 4～20 mA DC 的工业标准信号变送输出构成压力变送器。其主要性能特点如下。

① 稳定性高。每年漂移优于 0.2%满量程。

② 温度系数小。由于在生产过程中对产品精密地校准及补偿，使其温度误差极小。

③ 适应性强。产品量程宽，过程连接形式、制造材料、结构具有多样化特征，因而可适应工业测量中的各种场合及不同的介质。

④ 安装维护方便。产品可任意安装在各测量点而不影响其性能。

表 2－1　压力变送器的性能参数表

量　　程	0～1.2 MPa
允许过载	200%
供电电压	24 V DC，范围电源：12～30 V DC
输出信号	4～20 mA DC（二线制）
精　　度	±0.5%
补偿温度范围	0～+60℃
工作温度范围	－10～+80℃

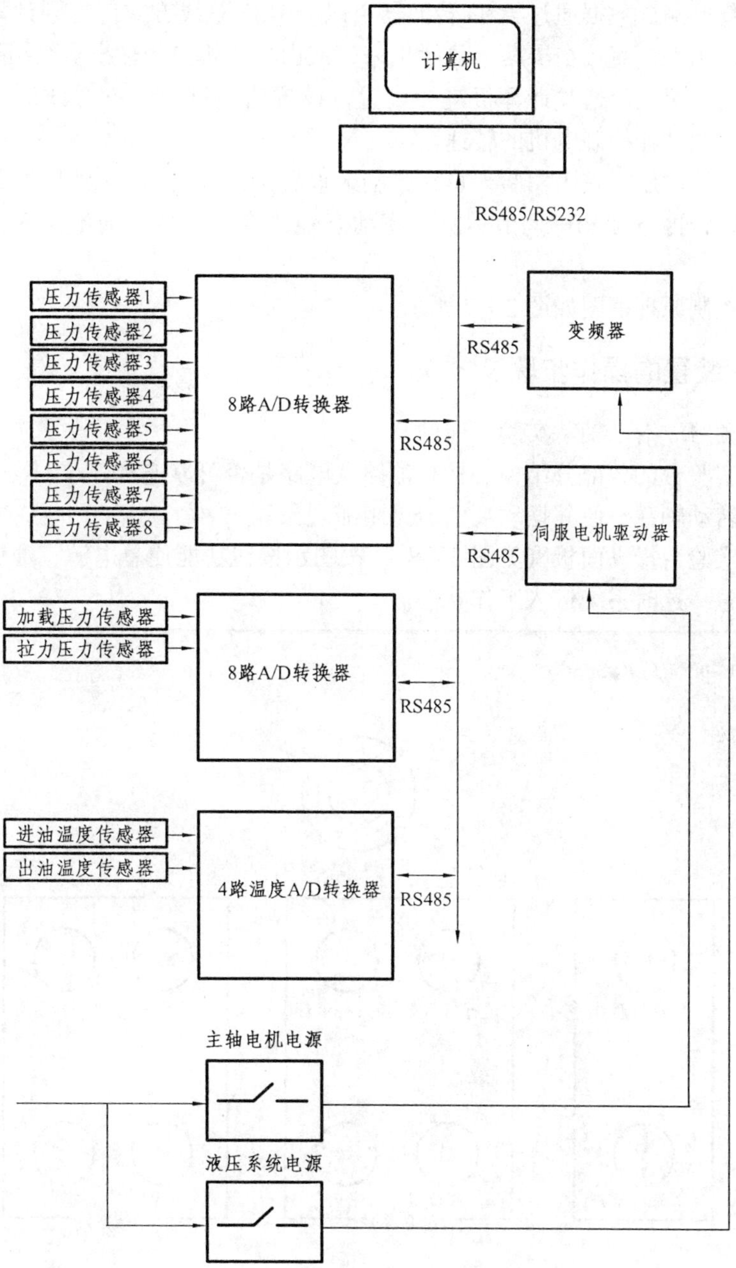

图 2－7　控制原理框图

4. 油温测试系统

在轴承的入口处和出口处分别安装温度传感器各一只，分别采集轴承入口处的润滑油油温 t_1 和出口处的油温 t_2，则可得到润滑油的平均温度 t_m [$t_m=(t_1+t_2)/2$]，一般情况下 t_m 不大于 75℃。

5．滑动轴承控制系统

实验台的8个油膜压力传感器、液压加载传感器、测摩擦因数用的拉压负荷传感器以及油温传感器采集的测试数据通过A/D转换器，以RS485总线方式传送到计算机的实验数据采集及处理软件系统，直接在屏幕上显示出来，或由打印机打印输出实验结果。

主轴电机的转速大小通过计算机进行设置，设置值通过RS485总线送到伺服电机驱动器，由伺服电机驱动器控制电机的转速。

油压加载系统的压力是由实验人员在电脑上设置加载压力 p_0 与液压加载压力传感器的反馈值进行比较，再通过PID调节运算，将动态地改变变频器的输出频率，使其液压加载压力保持恒定。

实验台的控制原理框图如图2－7所示。

五、实验装置的操作步骤及方法

（1）网上预习“滑动轴承实验”课件。

（2）观察实验台的各部分结构、检查油路及电路是否可靠连接。

（3）用手转动轴瓦，使其摆动灵活、无阻滞现象。

（4）根据实验台操纵面板（见图2－8），按图示按钮功能使总电源、油压系统及主轴系统处于接通位置，这时系统进入工作状态。

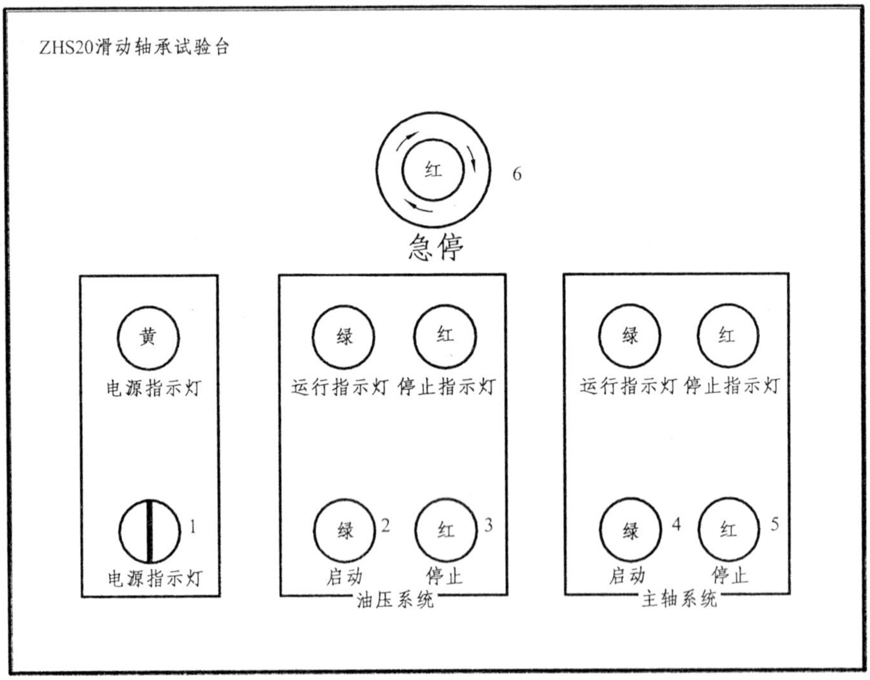

电源按钮1—此按钮旋转至“开”的位置，接通装置电源；油压系统启动按钮2—用于启动油压系统电机；油压系统停止按钮3—用于停止油压系统电机；主轴系统启动按钮4—用于启动伺服电机（主轴驱动电机）；主轴系统停止按钮5—用于停止伺服电机；急停旋钮6—在应急情况下，压下此旋钮可切断整个系统的电源；按箭头方向旋转后，旋钮弹起即可恢复供电

图2－8 实验台操纵面板布置图

说明：无论做何种实验，均应先启动液压系统电机，后启动主轴驱动电机（伺服电机），确保主轴旋转前有充足的供油。在实验过程中，如遇电机转速突然下降或者出现不正常的噪音和振动时，必须按急停按钮紧急停车，以防电机突然转速过高而烧坏电机与电器，防止意外事故的发生。

（5）进入滑动轴承实验计算机软件系统。

① 启动界面。

图 2－9 系统首界面

② 点击［实验管理］菜单中的“实验管理”，进入实验管理系统（见图 2－10）。

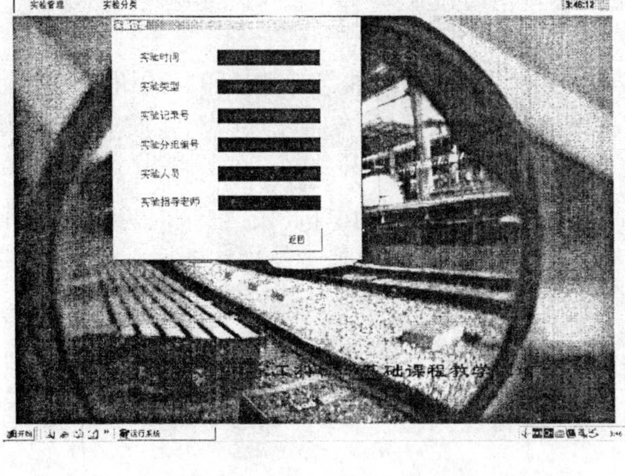

图 2－10 进入实验管理系统

实验人员自行输入“实验时间”、“实验记录号”、“实验分组号”、“实验人员”、“实验指导老师”等，点击［返回］。

③ 点击［实验分类］菜单，将会显示出可供选择的“径向滑动轴承油膜压力分布曲线”、“$f-\lambda$ 曲线”及“$p-f-n$ 曲线”3 种类型实验。选择“径向滑动轴承油膜压力分布曲线”菜单，开始本章实验 1“滑动轴承基本性能（基本型）”（见图 2－11）。

该界面显示有：主轴的转速、油压以及周向的 7 个油膜压力等。

④ 点击“静压加载”数字框，弹出键盘，设置加载压力（建议用 $p_0=0.1\sim0.15$ MPa）。

⑤ 点击［油泵控制］菜单，选择“启动”，启动油压系统。

⑥ 油压升起后，点击“当前转速”数字框，设置主轴转速（建议用 $n=200\sim500$ r/min）。

⑦ 观察油膜周向和轴向压力的分布曲线，如果曲线模糊，请点击“稳定取值”按钮，同时观察右边的油膜压力数值显示窗口内的 8 个点的油膜压力值。

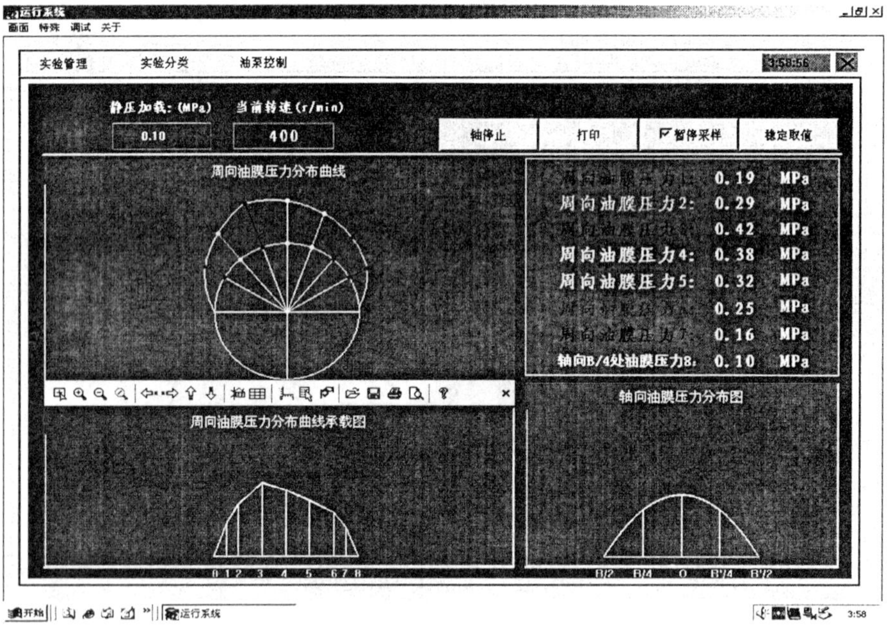

图 2－11　轴承油膜压力分布曲线

⑧ 曲线稳定后，点击［暂停采样］，再点击［打印］按钮打印当前窗口。

⑨ 实验完成后，根据周向油膜压力分布曲线承载图，求出油膜平均压力 p_m 值，并计算 K 值。

停止系统运行时，务必先关闭主轴驱动电机（按“轴停止”键），等主轴驱动电机停止转动后再卸载轴承静压载荷（调“静压加载”键），最后关闭液压系统电机，以减轻轴瓦磨损。

停止主轴：点击“轴停止”。

停止油压系统：选择［油泵控制］菜单下的“停止”即可。

思 考 题

1. 哪些因素影响液体动压轴承的承载能力及其动压油膜的形成？

2. 当载荷增加或转速升高时，油膜压力分布曲线有什么变化？

3. 轴向压力分布曲线与轴承宽径比 B/d 之间有什么关系？当 $B/d\geqslant4$ 及 $B/d\leqslant1/4$ 两种情况下，它们的轴向油膜压力分布有何明显差异？求解流体动力润滑雷诺方程的简化方程时又有何不同？

实验2　滑动轴承摩擦状态实验（综合设计型）

一、概　述

滑动轴承的摩擦状态实验是滑动轴承设计及研究的重要实践基础。通过实验，观察并显示出轴承由转速 $n=0$ 的静摩擦状态过渡到低转速下的边界摩擦状态及混合摩擦状态，并随着转速的提高达到液体摩擦状态。实验测出的轴承摩擦因数 f 与相对速度的 Stribeck 曲线如图 2－12 所示。

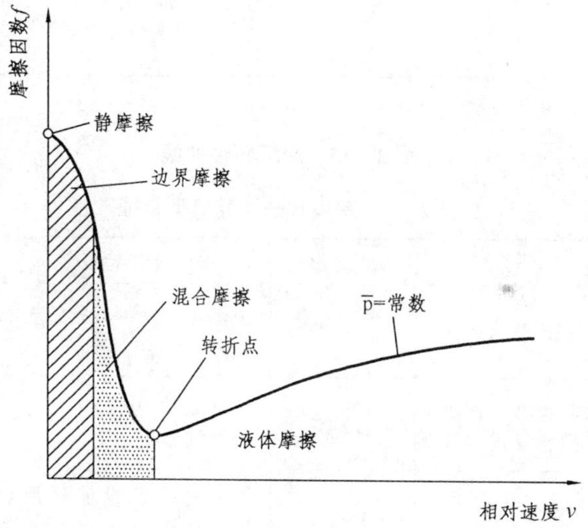

图 2－12　Stribeck 曲线

根据 Vogelpohl 建议，当圆周速度 $v<3\,\text{m/s}$ 时，应使运转转速 n 与转折点的过渡转速 n_g 之比值 $n/n_g=3$，当圆周速度较高时，应使比值 $n/n_g>v$。

为了综合考虑轴承的比压 p、转速 n 及润滑油动力粘度 η 等因数对轴承摩擦状态的影响，需进行滑动轴承的综合设计型实验，为了综合反映上述参数的影响，引入轴承无量纲特性参数 λ。λ 的表达式为：

$$\lambda=\frac{\eta\cdot n}{p}\tag{2-4}$$

摩擦因数 f 与 λ 的关系如图 2－13 所示。

$f-\lambda$ 曲线表明，滑动轴承形成液体动压过程中，摩擦因数 f 随轴承特性数 λ 变化。边界摩擦应该作为轴承设计的极限状况，当 λ 通过转折点后，轴承进入了液体摩擦状态，该状态为滑动轴承的理想工作状况。在液体摩擦区随着 λ 的增大，油膜厚度增大，油膜中总的内摩擦阻力相应增加，因而 f 有所增大。根据 Philippovich 所归纳的 4 种摩擦状态、摩擦因数及滑动轴承主要特性如表 2-1 所示。

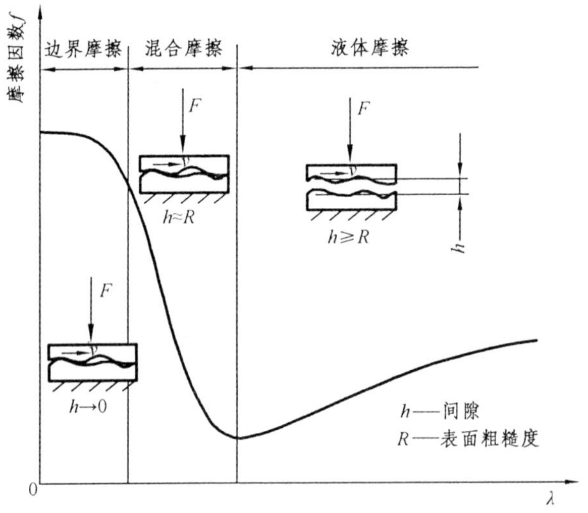

图 2-13 摩擦特性曲线

表 2-1 摩擦状态及其典型特征

摩擦状态	润 滑	粘度的影响	过程特征	摩擦因数
干摩擦	无润滑，绝对干的表面	无影响	相配的轴承零件在表面尖峰出焊合	>0.3
边界摩擦	仅在相配的轴承零件上有吸附的气膜和（或）液膜	无影响	在少数分子层中有分子的机械作用	$0.1<\mu\leqslant 0.3$
混合摩擦	部分润滑	有部分影响	部分的分子机械作用和部分的流体动力学和流体静力学作用（微观流体动力学作用或微观流体静力学作用）	$0.005<\mu<0.1$
液体摩擦	完全润滑	有决定性影响	流体动力学作用或流体静力学作用	$\mu<0.005\sim0.01$

1. 摩擦因数的测量原理

在实验台滑动轴承的轴瓦外圆装有一伸出机架的测力杆，该测力杆置于 S 型拉压传感器上。轴承间摩擦因数 f 可由测出的摩擦力矩求出，即

$$F_{\mathrm{f}}\frac{d}{2}=F_{\mathrm{c}}L\text{，则 }F_{\mathrm{f}}=\frac{F_{\mathrm{c}}L}{d/s}\text{，}$$

由实验测出 F_{c} 后，可得摩擦因数：

$$f=\frac{F_{\mathrm{f}}}{F} \tag{2-5}$$

式中，F 为轴承外载荷，N；F_f 为轴承的摩擦力，N；L 为测力杆力臂距离，本实验台的 $L=125$ mm；d 为轴颈直径，$d=60$ mm。

2. 润滑油粘度的测量原理

(1) 粘度的概念。

粘度是指润滑油抵抗运动的能力，表征润滑油流动时内摩擦阻力的大小。

(2) 润滑油粘度的单位。

粘度分为油的动力粘度 η、运动粘度 ν 及相对粘度 3 种。

① 动力粘度 η 主要用于流体动力计算，动力粘度在国际制中单位为 $N \cdot s/m^2$(即 Pa·s)。

② 运动粘度 ν 通常作为划分润滑油牌号的依据，如 L-AN32 全损耗系统用油，牌号中的数值 32 即代表温度为 40 ℃时该油的运动粘度的中间值 $\nu=32\ mm^2/s$（实际变动范围为 28.8～35.2 mm^2/s）。由于动力粘度 η 一般不能直接测得，根据下式可以求出。

$$\nu = \frac{\eta}{\rho} \tag{2-6}$$

式中，ρ 为液体的密度（对于矿物油，$\rho=850\sim900\ kg/m^2$）。

ν 的单位：在国际单位制中为 mm^2/s，在物理单位制中为 cm^2/s。在实际应用中，由于这一单位过大，常采用 cm^2/s 的百分之一来表示，即 mm^2/s；

③ 相对粘度（条件粘度）。

在石油产品中，普遍采用条件粘度，常用比较法测定。我国常用恩氏粘度（℃E_t）作为条件粘度单位，即为把 200 ml 待测定的油在规定的恒温下（一般为 40 ℃或 100 ℃，这时恩氏粘度用℃E_{40}或℃E_{100}来表示）流过恩氏粘度计的时间 T（s）与同体积蒸馏水在 20 ℃时流过粘度计同一小孔所需时间 k（s）之比。即：

$$°E_t = \frac{T}{k} \tag{2-7}$$

式中的 k 一般在 50～52 s 之间。

上述几种粘度单位可按下列关系进行换算：

$$\text{当 } 1.35 < °E_t < 3.2 \text{ 时}, \nu = 8.0°E_t - \frac{8.64}{°E_t} \tag{2-8}$$

$$\text{当 } °E_t > 3.2 \text{ 时}, \nu = 7.6°E_t - \frac{4.0}{°E_t} \tag{2-9}$$

$$\eta = \left(6.56°E_t - \frac{5.67}{°E_t}\right) \times 10^{-3} \tag{2-10}$$

(3) 润滑油的粘温关系。

润滑油的粘度受温度的影响较大，粘度随温度的升高而降低，图 2-14 表示出几种润滑油的粘-温曲线。轴承在工作过程中，轴承的油温发生相应变化，因此摩擦因数测定中，动力粘度 η 的值需要基于温度的影响。油的粘温关系常用的公式可采用 Walther 粘温方程计算，该方程为：

$$\lg[\lg(\nu + a)] = A + B\lg T \tag{2-11}$$

式中，ν 为运动粘度，mm^2/s；T 为绝对温度，$T=273+t$；t 为轴承油温,℃；a 为常数（根据实验统计，$a=0.6$）；A、B 为与油品有关的常数。这样由式（2－11）可导出：

$$\nu = 10^{10^{A+B\lg T}} - 0.6 \tag{2-12}$$

不同油的 A、B 值可查对应油品粘－温特性曲线（见图 2－14）上两个点对应的温度 T 和运动粘度 ν 的值（T，ν），代入方程求出任意油温下的运动粘度 ν 值。

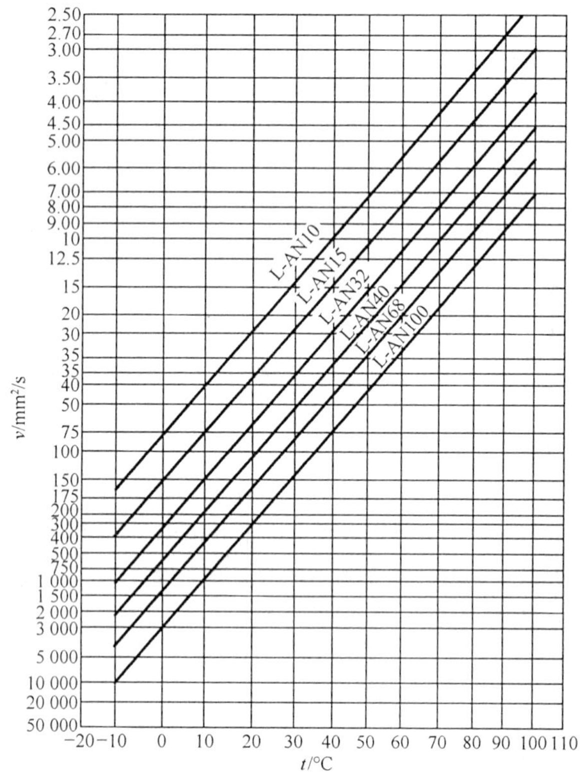

图 2－14　粘温特性曲线

（4）润滑油的密度与温度关系。

润滑油的密度随温度的升高而降低，温度在 0～100 ℃的范围内工作后，润滑油的密度一般都降低大约 5%，密度与温度的近似关系为：

$$\rho = \rho_{20}[1-65\times10^{-5}\times(t-20)] \tag{2-13}$$

式中，ρ_{20}为 20 ℃下的密度，g/cm^3；t 以℃计。

二、实验目的

（1）掌握滑动轴承摩擦因数的测试方法。

（2）通过实验，掌握滑动轴承润滑状态的转化过程。将影响润滑状态的主要参数引入实验，进行综合设计型实验。

（3）通过实验,加深与扩展理论教学内容,对各种摩擦状态的摩擦因数大小范围有定量了解。

三、实验内容

（1）当不知实验润滑油的牌号时，可先进行润滑油的粘度和粘－温曲线的测定。
（2）测定摩擦因数 f 与轴承无量纲特性参数 λ 间的关系曲线。

四、实验装置

1．恩氏粘度计

恩氏粘度的定义及测定原理前文已述及，恩氏粘度计的结构如图 2－15 所示。

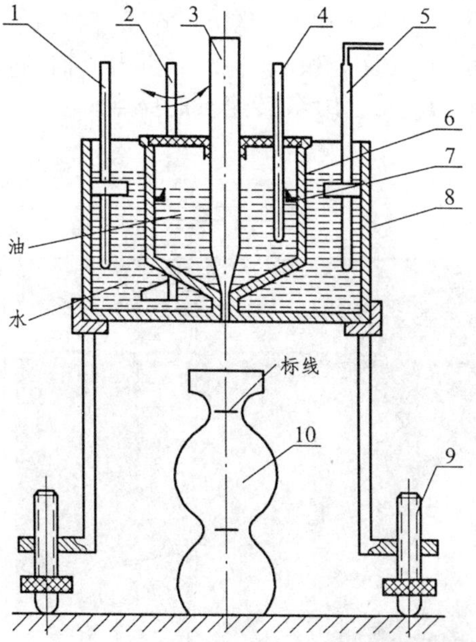

1、4—温度计；
2—搅拌器；
3—木塞；
5—温度传感器；
6—内容器；
7—外容器；
8—小针；
9—调节螺钉；
10—计量瓶

图 2－15　恩氏粘度计结构简图

2．ZHS20 系列滑动轴承综合实验台

五、实验操作步骤及方法

1．恩氏粘度计的操作方法与步骤

（1）用木塞 3 堵塞粘度计孔径为 2.8 mm 的小孔。

（2）将实验油倒入预先清洗干净的容器 6 中，油面应与小针 8 针尖平齐，调节螺钉 10 使油面水平，然后盖好容器盖。

（3）在外容器 7 中加入水，接通电路及温度控制装置使水加热，不断搅动使水温均匀，水的温度通过传感器连接至自动控制装置，在 20 ℃、50 ℃、80 ℃和 100 ℃进行恒温控制，当实验油温度达到测试温度时，关闭电路。

（4）拔出木塞，按动秒表，当油刚刚流满 200 cm^3 时，立即按停秒表，并记下流出时间 T（s）。一般应重复测定 3 次，取其平均值。

（5）重复上述步骤，测定另一个温度 t 下的 T（s）值。

求出各温度时的 $°E_t$ 值，换算成运动粘度 ν 值（mm^2/s），作出粘温曲线图。

2．滑动轴承摩擦状态实验操作方法及步骤

(1) ～ (4) 实验步骤与本章“实验1”相同。

(5) 进入滑动轴承实验计算机软件系统。

① 启动界面。

② 点击［实验管理］菜单中的“实验管理”，进入实验管理系统。

③ 点击［实验分类］菜单，显示可供选择的［径向滑动轴承油膜压力分布曲线］、［$f-\lambda$ 曲线］及［$p-f-n$ 曲线］3种类型实验，选择［$f-\lambda$ 曲线］菜单，开始本章实验2“滑动轴承摩擦性能（综合设计型）”，如图2－16所示。

④ 点击油压系统（0.1 MPa）和主轴（600 r/min），操作步骤与上一实验相同。

⑤ 当静压加载稳定到所设置的压力，观察 f 和 λ，稳定后点击［描点］。

⑥ 设置转速到600 r/min，观察静压加载及 f 和 λ，稳定后点击［描点］；同样的操作完成从600、500、400、300、200、100、50、20、10各转速下的描点。

⑦ 完成曲线后［打印］窗口。

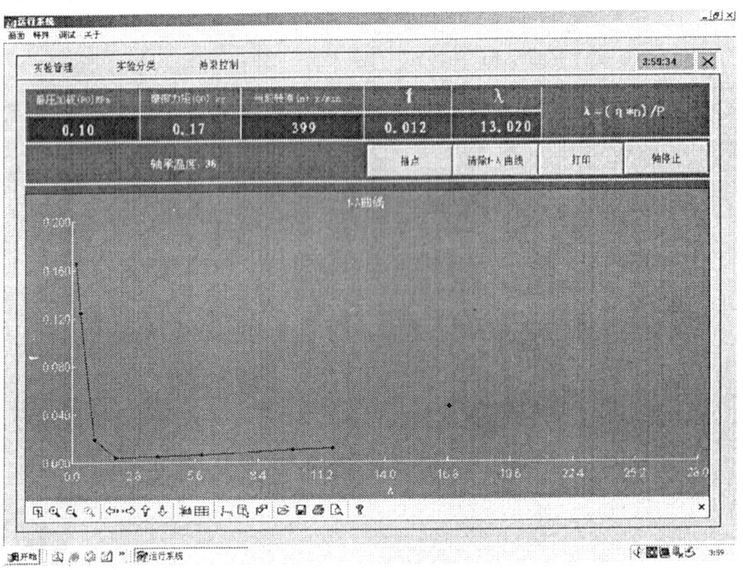

图2－16　轴承摩擦特性曲线

⑧ 如需停止系统，务必先停止主轴，再停止供油系统，以减轻轴瓦磨损。

停止主轴：点击［轴停止］；

停止油压系统：选择［油泵控制］菜单下的［停止］子菜单即可。

思考题

1．$f-n$ 曲线与 $f-\lambda$ 曲线有何不同？

2．根据 $f-\lambda$ 曲线阐述轴承的摩擦状态是如何转化的？摩擦因数变化规律怎样？不同摩擦状态下的摩擦因数大概变动范围如何？

3．润滑油温度对润滑油性能有何影响？粘温曲线如何绘制？

4．若实验用油为L－AN32，试根据本书图2－14所示的粘温特性曲线，导出“$\nu=10^{10^{A+B\lg T}}-0.6$”方程中的 A 和 B 的值，并计算出 $t=40$ ℃时的该油的动力粘度 η 值(Pa·s)。

实验3　多参数偶合下滑动轴承性能特性研究（研究创新型）

一、概　述

本章实验1对轴承的承载机理、动压油膜压力分布及承载量大小等基本性能进行实验与分析，实验2则通过测试 $f-\lambda$ 曲线，揭示滑动轴承摩擦状态的转化规律及相应参数的影响，进行综合设计型实验。为了开展滑动轴承更进一步的理论研究，进一步进行 $p-f-n$ 曲线的测定，该测试将揭示出随着轴承压强变化时 $f-n$ 曲线的变化规律，掌握最小摩擦因数转折点的位置及数值大小的变化特征，为深入研究奠定实践基础。

二、实验目的

（1）将 $p-f-n$ 曲线与 $f-\lambda$ 曲线进行比较，了解压强 p 的变化对 $f-n$ 曲线的影响。

（2）掌握最小摩擦因数位置及数值大小变化特征，为在工程设计时进行滑动轴承的参数优化选择，提供可供参考的实验依据。

三、实验内容

完成在3种轴承压强 p 作用下的 $p-f-n$ 性能曲线的测试。

四、实验装置

ZHS20系列滑动轴承综合实验台。

五、实验操作步骤及方法

（1）～（4）实验步骤同本章实验1。

（5）进入滑动轴承实验计算机软件系统。

① 启动界面。

② 点击［实验管理］菜单中的“实验管理”，进入实验管理系统。

③ 点击［实验分类］菜单，显示可供选择的“径向滑动轴承油膜压力分布曲线”、“$f-\lambda$ 曲线”及“$p-f-n$ 曲线”3种类型实验，选择［$p-f-n$ 曲线］菜单，开始本实验（见图2-17）。

④ 点击单选按钮，选择某一压力；选择［油泵控制］菜单中的“启动”，启动油压系统。

⑤ 油压升起后，设置主轴转速（600 r/min），观察静压加载和 f 的变化，稳定后点击“描点”。

⑥ 设置转速到600 r/min，第一次静压加载建议选取 $p_0=0.08$ MPa。观察静压加载及 f 和 λ，稳定后点击“描点”，同样的操作完成600、500、400、300、200、100、50、20、10甚至更低的转速下的描点。

⑦ 完成了该曲线测试后，依次选择其他两个不同压力（建议选取 $p_0=0.1$ MPa 及 $p_0=0.12$ MPa）按⑤～⑥的步骤进行描点。

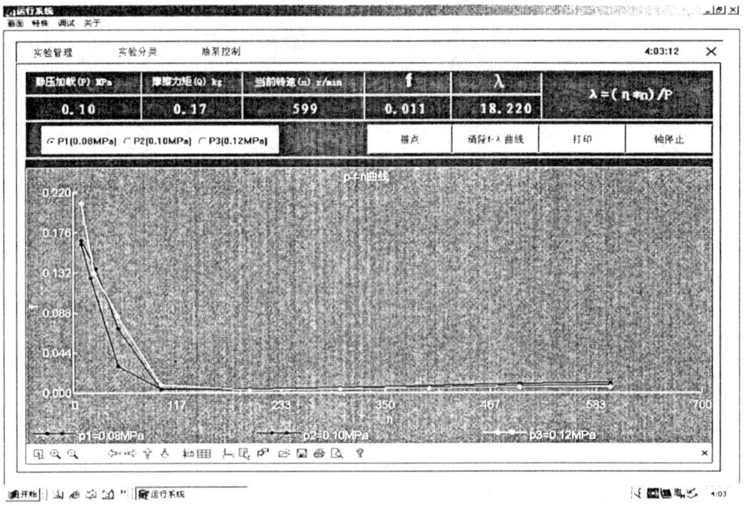

图 2－17　滑动轴承 $p-f-n$ 曲线

⑧ 实验完成后，保存并打印结果。

⑨ 停止系统。

六、撰写实验研究论文

论文需在教师指导下，结合参阅相关文献进行撰写。主要包括如下内容：

(1) 轴承工况参数（压强 p、转速 n）的变化，摩擦因数变化规律的分析研究。

(2) 通过实验，研究最小摩擦因数的变化规律及影响参数。

(3) 摩擦状态由混合状态过渡到液体摩擦状态的规律研究。

(4) 以 ZHS20 系列滑动轴承综合实验台为基础，探讨如何扩大实验功能，有哪些创新方案？扩大实验功能主要包括：轴心轨迹如何测量，探讨不同宽径比对相对间隙的影响以及实验工作如何实现。

(5) 实测结果与理论计算结果比较及分析。

思 考 题

1. $p-f-n$ 曲线与 $f-\lambda$ 曲线有何不同？改变载荷重复实验时，$f-\lambda$ 曲线有无变化？

2. 随着轴承平均压力 p 的升高，在边界摩擦区、混合摩擦区及液体摩擦区的摩擦因素是如何变化的？

第三章　机械零部件结构分析与轴系结构创意组合设计实验

机械零部件结构分析与设计可分为两种类型：一是对现有典型零部件结构进行分析与实验，二是按设计任务，确定实现设计目标的结构实施方案，并亲自动手完成结构创意组合设计实验。

本章实验 1 为典型结构的分析实验。作为培养结构设计能力的基本型实验，通常选择工业上大量使用的独立部件——减速器作为本实验的对象。实验 2 为结构创意组合设计实验，由于轴系为机械零部件中具有普遍性、广泛代表性的一种部件，而且其结构设计方法具有普遍性，因此通常选择轴系的结构设计为实验对象。轴系结构设计实验过程充分体现设计中的综合性和创新性，因此实验 2 属于综合设计型的结构设计实验。

实验 1　机械零部件结构分析实验（基本型）

一、概　述

机械零部件设计主要包括零部件的工作能力设计和结构设计。其中结构设计是实现设计目标的关键环节，在方案设计及理论设计阶段就应该统筹考虑结构上实现的可能性；同时也必须考虑不同的结构方案对零部件工作能力的影响，理论计算往往与结构设计工作应交叉进行（轴的设计就是其中的典型实例），由于结构设计过程是方案确定的优化过程，具有灵活性与多样性，因此结构设计过程也是一个创新过程，而实验则是培养与提高结构设计能力的重要途径。

二、实验目的

（1）以机械产品中具有代表性的独立传动部件——减速器为范例，通过拆装实践，熟悉典型减速器的结构组成及主要附件（传动件、润滑密封、轴系支承、箱体等）。

（2）掌握轴上零件的固定方式及安装顺序。

(3) 了解部件内各零件间的装配关系。

(4) 掌握箱体结构设计的一般原则。

三、实验内容

(1) 外形感知：确定减速器的类型、箱体结构的特点、附件的名称、轴承盖的类型、扳手空间、凸台位置、加强筋的布置。

(2) 内部感知：打开箱盖后，观察分析如下内容：

① 轴及轴承的结构特点。

② 传动件的润滑方式、轴承的润滑方式及密封。

③ 轴承盖结构及轴承座刚度的保证措施。

④ 轴上零件的固定方式、安装顺序及调整方式。

⑤ 轴系轴向固定结构的方式。

⑥ 绘制减速器的传动简图，绘制轴及轴上零件的装配草图。

四、实验设备

(1) 单级圆柱齿轮减速器。

(2) 两级圆柱齿轮减速器。

(3) 单级锥齿轮减速器。

(4) 两级锥齿轮－圆柱齿轮减速器。

(5) 单级蜗杆减速器。

(6) 活动扳手、游标卡尺、弹性挡圈钳和螺丝刀等。

减速器的运动简图见表3－1，图3－1为分流式两级圆柱齿轮减速器的结构。

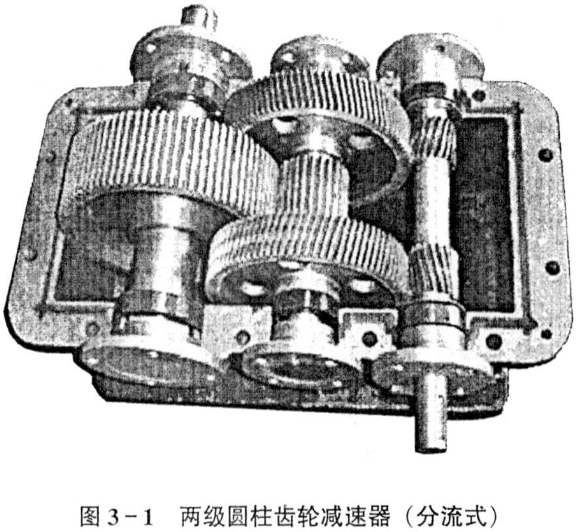

图3－1 两级圆柱齿轮减速器（分流式）

表 3-1　实验用减速器的运动简图

名　称		运动简图	推荐传动比
单级圆柱齿轮减速器		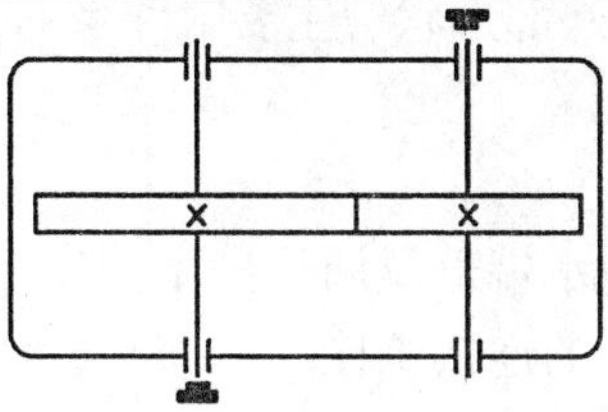	$i \leqslant 8 \sim 10$
两级圆柱齿轮减速器	展开式	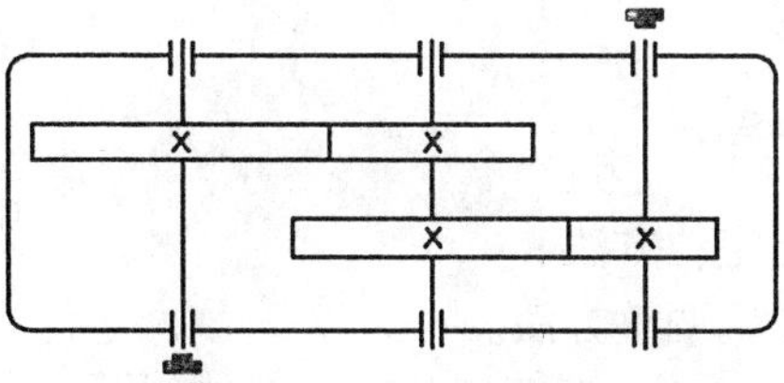	$i = i_1 i_2$ $i \leqslant 8 \sim 60$
	分流式	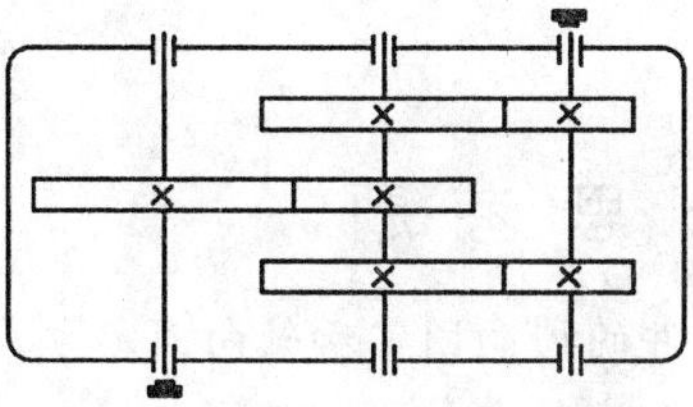	$i = i_1 i_2$ $i \leqslant 8 \sim 60$
单级锥齿轮减速器		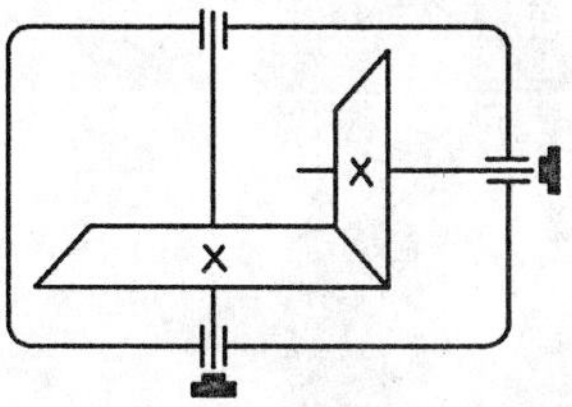	$i \leqslant 8 \sim 10$
两级锥齿轮－圆柱齿轮减速器		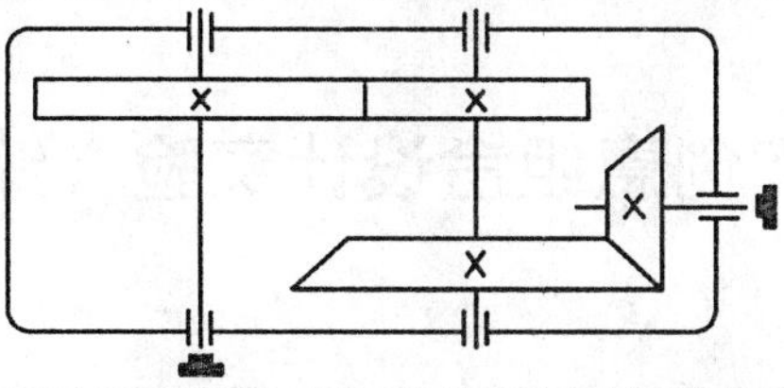	$i = i_1 i_2$ 直齿锥齿轮 $i \leqslant 8 \sim 22$ 斜齿或曲线齿锥齿轮 $i \leqslant 8 \sim 40$
单级蜗杆减速器	蜗杆下置	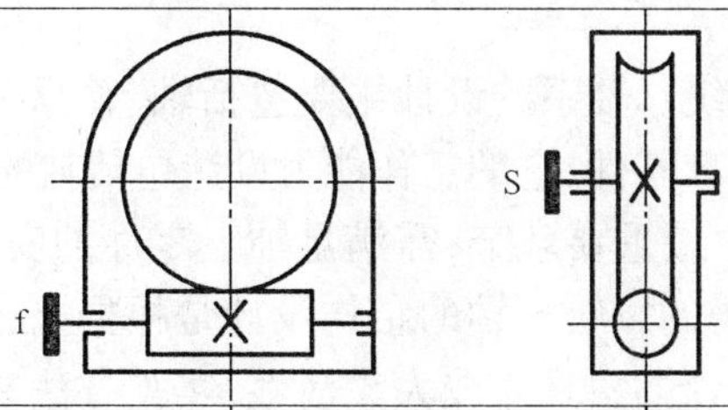	$i \leqslant 10 \sim 80$
	蜗杆上置	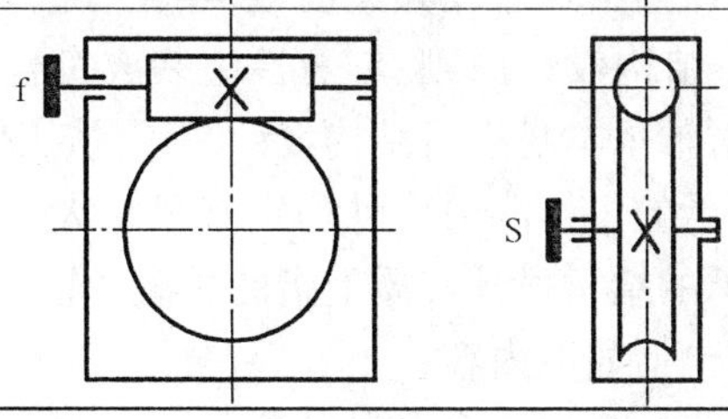	$i \leqslant 10 \sim 80$

五、实验操作步骤

(1) 外形感知：全面了解减速器的外部形状、主要附件名称与功能以及减速器的构造。
(2) 内部感知：
① 拔出减速器箱体两端的定位销。
② 拧下轴承端盖上的螺栓，取下轴承端盖及调整垫片。
③ 拧下上下箱体连接螺栓及轴承旁的连接螺栓。
④ 借助起盖螺钉打开箱盖。
⑤ 逐级取下各轴及轴上零件。
⑥ 分析轴及轴系零件的结构。
⑦ 分析轴上零件的轴向及周向定位方法。
⑧ 分析轴承游隙及轴系轴向位置调整方法。
⑨ 了解润滑与密封结构。
⑩ 分析箱体结构特点。

思 考 题

1. 以指定轴为实例，说明轴上零件的周向固定和轴向固定方式。
2. 简述减速器齿轮和轴承的润滑及密封方式。
3. 试述滚动轴承的轴向固定形式。
4. 试述滚动轴承游隙的调整方式。
5. 试述轴系轴向位置的调整方式。

实验2　轴系结构创意组合设计实验（综合设计型）

一、概　述

轴系为轴及轴上零件组成的系统。轴系的设计主要包括轴、轴承等零件的工作能力设计与结构设计两方面内容。轴为非标准零件，它的工作能力设计包括轴的强度、刚度及振动稳定性计算。轴的结构设计是轴设计中最重要环节，需满足轴上零件的安装、定位及制造工艺要求，并全面考虑它们对轴的工作能力的影响。轴的结构设计是根据上述要求确定轴的合理外形和各部分具体尺寸。轴的结构设计方案具有较大灵活性，实验方法是采用零件库提供的各种类型的轴、轴承及附件，根据轴系结构设计原则、创意性组装成符合设计任务的完整轴系。滚动轴承系标准零件，设计者无需对轴承本身进行结构设计，只需按工作要求由滚动轴承目录中正确选择轴承类型并根据滚动轴承的工作能力设计确定其尺寸大小。前已述及，无需进行轴承本身的结构设计，因此滚动轴承的结构设计实质上指的是滚动轴承的组合结构设计。

滚动轴承的组合结构设计主要包括如下内容：

(1) 轴系支点的轴向固定方法：轴系的每个支点通常由一个或一个以上轴承的组合，一根轴一般为双支点。轴系支点轴向合理固定后，方能确保轴在机器中有正确的确定位置，防止轴在工作过程中发生轴向窜动以及受热变形后卡死轴承。

（2）滚动轴承内圈及外圈的轴向紧固方法。

（3）滚动轴承与相关零件的配合的确定。

（4）轴承的润滑与密封方法。

（5）支承刚度和旋转精度要求较高场合下滚动轴承的预紧结构。

轴系的结构设计除包括上述轴的结构设计及滚动轴承组合设计外，轴系的结构设计还需要从系统上考虑轴系轴向位置的调整及轴承游隙的调整。

（1）轴系轴向位置的调整。

轴上零件为圆柱齿轮类传动件时，对轴向位置一般无严格要求，此时轴系一般没有必要进行轴向位置调整的结构设计；而对于蜗杆传动及锥齿轮传动，轴系轴向位置需要具有可调整性，以补偿轴承部件组合的各个零件尺寸的加工公差及装配等因素，造成的该类传动件正确啮合位置的偏离。

对于蜗杆传动,正确的啮合要求是蜗轮的中间平面通过蜗杆轴线,因此蜗轮轴系沿轴线方向的位置必须能够进行调整[见图 3-2(a)]。因此,在创意组合结构设计时需要考虑其实现方案。

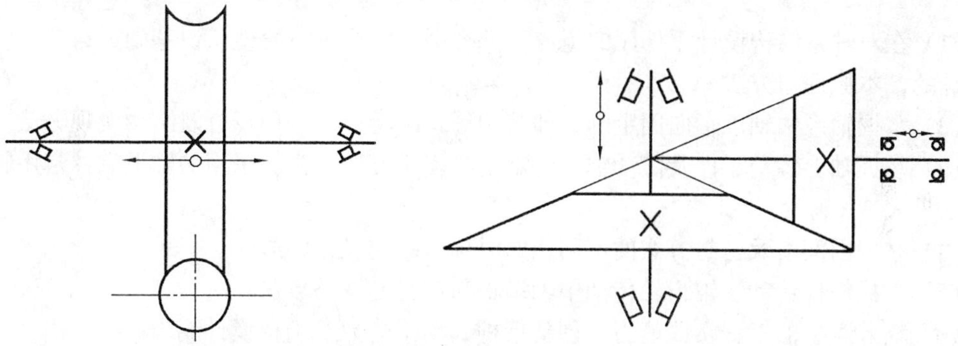

（a）蜗轮轴系　　（b）锥齿轮轴系

图 3-2　轴向位置调整示意图

对于锥齿轮传动，要求两个节锥顶点重合，以保证传动的正确啮合，因此结构设计时要求轴系能在水平和垂直两个方向进行调整［见图 3-2（b）］。

图 3-3 为锥齿轮轴系两种轴系轴向位置调整的结构方案：（a）图方案采用一对圆锥滚子轴承正装（面对面）结构，（b）图为一对圆锥滚子轴承反装（背对背）结构，两个方案的轴承都装在套杯内（可在实验用零件库中选用）。通过改变套杯与箱体间调整垫片的厚度即可实现轴系轴向位置的调整。两个方案中，图 3-3（b）方案支承刚性较好，但轴系结构较复杂及轴承游隙调整不如图 3-3（a）方案方便。

（2）轴承游隙的调整。

为保证轴承正常运转，根据工作环境要求不同，轴承内部需留有适当的间隙，称为轴承游隙。有些类型的轴承，如深沟球轴承、调心球轴承在制造装配时，其游隙已预留在轴承内部，属于固定游隙型；而有些类型的轴承游隙则要在安装时调整，属于可调游隙型，如圆锥滚子轴承等。

在实验时要选择合适的调整轴承游隙方案。

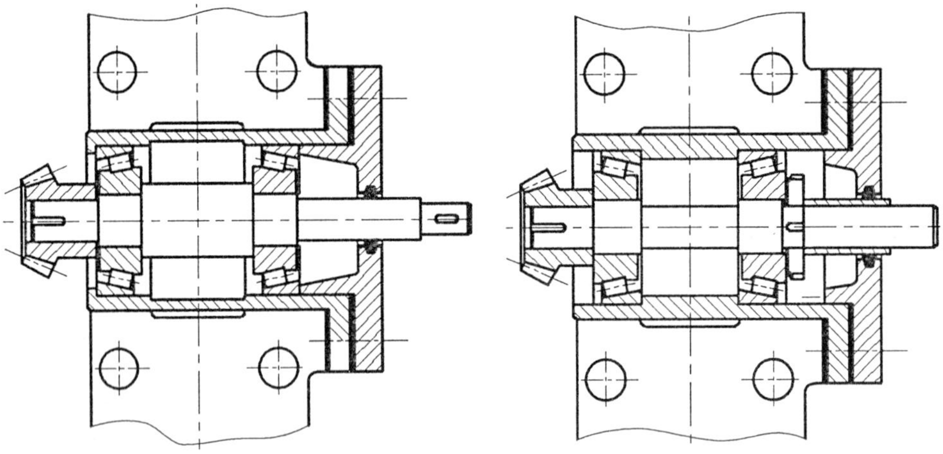

(a)　　　　(b)

图 3-3　锥齿轮轴系轴向位置调整结构方案

二、实验目的

(1) 在对轴系结构设计零件库的组成零件类型、结构进行感性认识基础上，掌握轴系结构设计的基本原理与方法。

(2) 掌握轴系中轴承轴向固定的 3 种结构形式的特点、应用场合及结构实现方法。

(3) 掌握轴上传动零件及滚动轴承的定位与固定方法，实验采用的轴上零件常用轴向固定方法见表 3-2。

(4) 掌握因润滑及密封方式的不同，而对轴系结构设计的影响。

(5) 掌握蜗杆传动、锥齿轮传动中轴系轴向位置的调整方法。

(6) 培养学生的工程实践能力、创新精神、动手能力及结构设计能力。

表 3-2　轴上零件常用的轴向固定方法

名　称	轴 向 固 定 方 法
轴肩与轴环	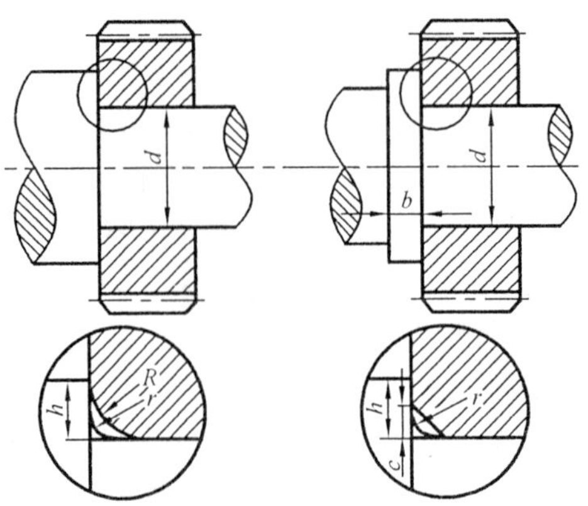 $r<R<h$，$r<c<h$ 一般 $h=0.07d+$ (1~2) mm，对于滚动轴承 h 见轴承标准，$b\geqslant1.4h$

续表 3－2

名　称	轴　向　固　定　方　法
轴　　套	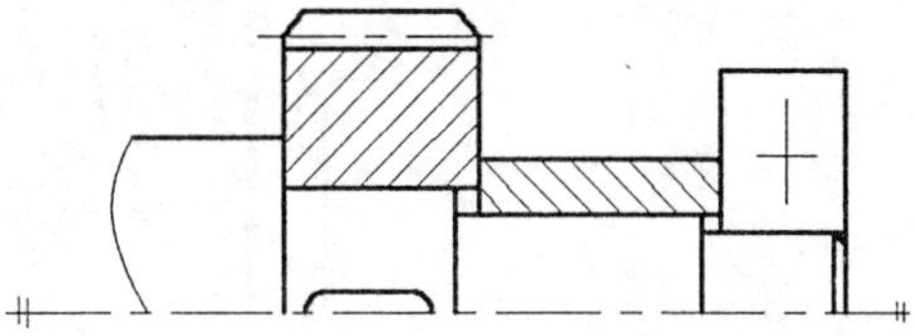
轴端挡圈	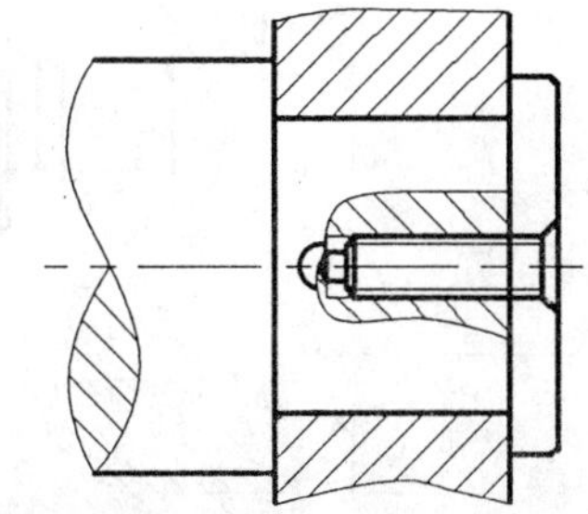
圆螺母	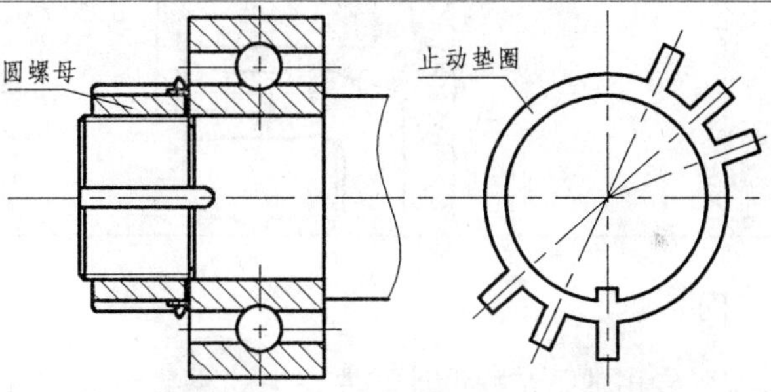
轴用弹性挡圈	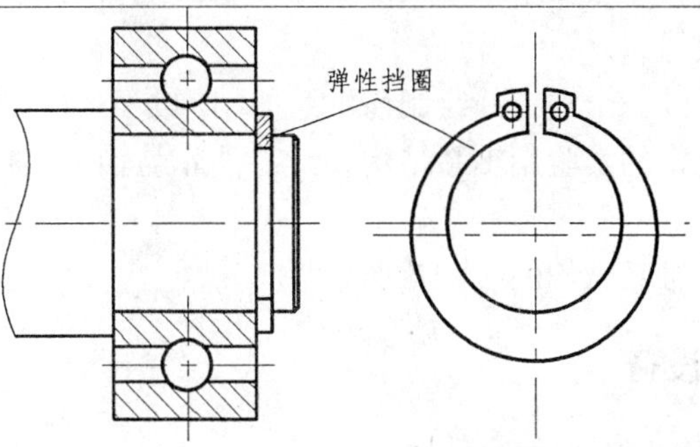
轴承端盖	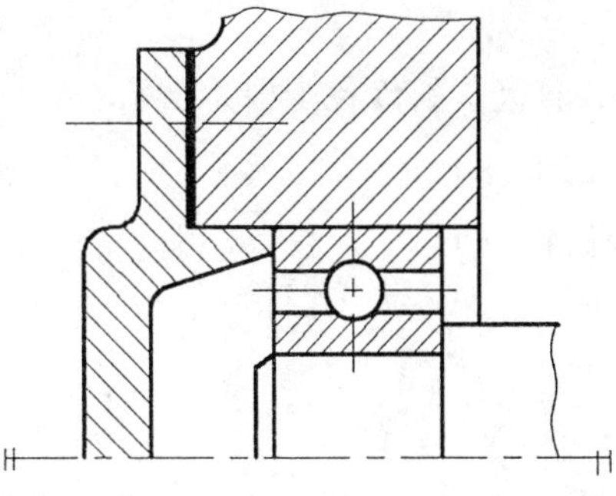

续表 3－2

名　称	轴向固定方法
轴承座凸肩	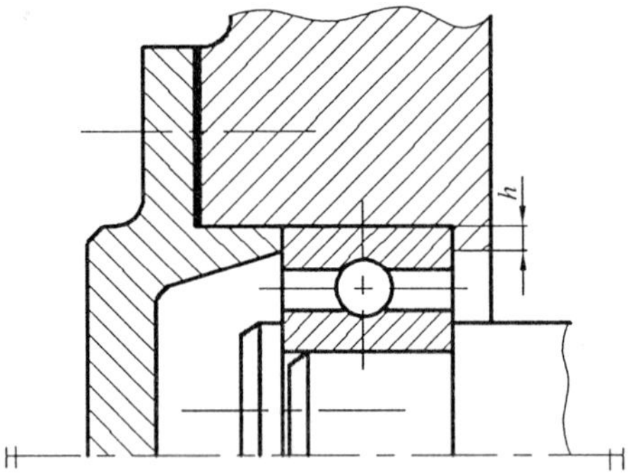凸肩高度 h 见轴承标准
孔用弹性挡圈	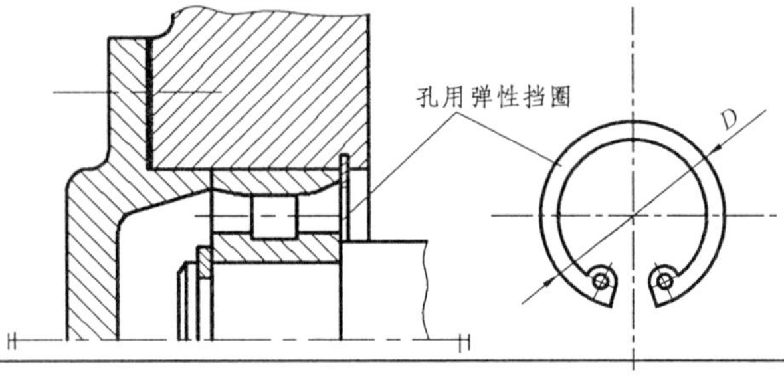

三、实验内容

（1）了解实验专用轴系结构设计零件库中的主要组成零件（共 60 余种）的用途、结构特点及选用方法等。

（2）自行设计一个轴系并绘制该轴系的结构方案示意图。

（3）根据提供的实验用轴系结构设计零件库与轴系结构方案示意图，创意组合、装配完成轴系的结构。

（4）绘制该轴系结构的装配草图。

四、实验设备

(1) 轴系结构创意设计零件库。

① 传动件类。

➢ 齿轮轴（2 根，直齿、斜齿各 1 根）

➢ 斜齿轮（大小齿轮各 1 个）

➢ 锥齿轮（大小齿轮各 1 个）

➢ 蜗杆轴（1 根）

➢ 蜗轮（1 个）

② 滚动轴承类。

➢ 深沟球轴承两对（含一对脂润滑用双面防尘盖深沟球轴承）

➢圆锥滚子轴承（一对）

➢单向推心球轴承（一对）

➢圆柱孔调心球轴承（一对）

③ 轴类。

➢锥齿轮用轴（1 根）

➢中间轴（5 根）

④ 轴承座类。

➢单轴承座（2 个）

➢双轴承座（2 个）

➢装一对单向推力球轴承或一对圆锥滚子轴承构成的双向固定型支承

⑤ 密封类。

➢毡圈油封（半粗羊毛毡）

➢旋转轴唇形密封圈

⑥ 轴承盖类。

➢轴承闷盖

➢轴承透盖

➢嵌入式轴承闷盖

➢嵌入式轴承透盖

⑦ 轴向固定零件类。

➢螺钉紧固轴端挡圈

➢圆螺母及止动垫圈

➢轴用弹性挡圈

➢孔用弹性挡圈

➢轴套

(2) 游标卡尺、弹性挡圈钳（一套）、扳手及微型螺丝套件（一盒）。

实验用零件库及工具如图 3－4 所示。

1—轴；2—套杯；3—密封；4—滚动轴承；5—传动件；6—轴承盖；7—轴承座；8—底板；9—装配范例；10—齿轮轴；11—轴承端盖；12—工具

图 3－4　轴系结构创意设计零件库

五、实验操作步骤

（1）了解零件库中的主要零件。

（2）自行确定一种轴系的应用场合，并拟订相应的轴系结构方案。轴系结构方案因应用场合不同而变化，下面列举数例以供参考。

① 悬臂锥齿轮轴系结构。

② 应用于某两级齿轮减速器的中间轴轴系结构。

③ 应用于轴的挠曲变形或两个轴承座孔不易对中场合下的轴系结构。

④ 一端固定另一端游动的蜗杆轴的轴系结构。

（3）进行创意组合轴系结构设计：

① 根据设计任务在拟订设计方案基础上，绘制该轴系结构方案示意图；

② 参照实验用零件库配套的说明书及实验专用轴系结构创意设计零件库中选用所需的零件；

③ 动手组装轴系；

④ 绘制该轴系结构设计装配草图。

思 考 题

1. 轴系结构设计中，轴系支点轴向固定的 3 种结构形式的特点是什么？设计中如何选择？一端固定、一端游动的方案中，固定端及游动端主要有几种轴承组合方案？

2. 轴系轴向位置调整的作用是什么？在哪些传动场合轴系需要能在轴向作严格调整？绘制其示意图。

3. 轴承的游隙是如何调整的？调整方法的特点何在？

4. 轴系中，采用凸缘式轴承盖与嵌入式轴承盖时各自的特点是什么？密封结构对轴承透盖的结构有何影响？

5. 悬臂锥齿轮轴系组合设计中采用轴承套杯的作用是什么？套杯内成对安装的圆锥滚子轴承可采用“面对面”和“背对背”两种布置方式，根据绘制的布置示意图，对两种方案进行比较。

6. 完成的轴系结构设计中，采用了哪些轴上零件的定位与固定方法？这些方法有什么特点？

第四章　机电产品模型设计及控制实验

第一节　实 验 概 述

一、实验目的

(1) 了解常用机械传动机构的形式和使用条件。
(2) 了解典型机电系统的布置形式及工作原理。
(3) 了解机械系统的基本运动控制方法。
(4) 培养综合设计、优化设计机械系统的能力。
(5) 培养动手能力、创新能力和编程能力。

二、实验原理

本实验使用的器材为德国慧鱼公司出品的“慧鱼创意组合模型”。该模型由多种构件组成，通过接口板与计算机相连，使用软件控制模型的运动。

慧鱼创意组合模型提供了工业机器人、移动机器人、实验机器人、仿生机器人、气动机器人等套装产品，这些套件中除了少数特殊零件外（如工业机器人的机械手、移动机器人的车轮、气动机器人的气动元件、实验机器人的链条和齿条等），大部分零件是相同的，可以通用。

慧鱼创意组合模型由各种各样的构件组合拼装而成，因此，“构件”是模型的最小组成部分。它的构件大体上可以分为机械构件、电气构件和气动构件 3 类。

机械构件主要包括六面拼接体、连杆、链条、履带、齿轮（普通齿轮、锥齿轮、斜齿轮、内啮合齿轮）、齿轮轴、齿条、蜗轮、蜗杆、凸轮、弹簧、曲轴、万向节、差速器、齿轮箱等。

电气构件主要包括直流电机、大功率电机、传感器（光敏、热敏、磁敏、小型开关）、灯泡、电磁气阀、直流变压器、可充电电源、红外线遥控装置、电脑接口板（串口、并口、USB 端口）、PLC 接口板等。

气动构件主要包括储气罐、气缸、活塞、气弯头、手动气阀、电磁气阀、气管等。

通过以上基本构件，学生可自行设计并组装机电产品模型，并通过软件或高级语言编程控制模型的运动，实现预期的设计目的。

三、实验内容

以下内容中前两项属于基本型必修实验，第 3 项属于个性化研究提高型实验。

（1）观察慧鱼工业培训模型，了解常用机械传动机构、传感器布置方式、典型机电液系统。

（2）遵照实例组装机电产品模型，了解慧鱼创意组合模型的基本使用方法。

（3）由教师提供一批具有一定难度的、能提高学生综合素质尤其是创新能力、综合设计能力和动手能力的设计题目，要求学生2～3人为一组，充分利用慧鱼创意组合模型，独立完成一个设计题目。方案设计（包括结构设计、传动设计、传感器设计等）、方案优化、模型组装以及编程控制等全过程均由学生独立完成，教师仅提供必要的指导，以达到培养和提高学生创新设计能力和实践动手能力的目的。

第二节　慧鱼模型

一、机械构件

1. 六面拼接体（见图4－1、4－2）

六面拼接体的6个面各有U形槽或凸出的小方块，二者是相互配合的。通过U形槽和小方块的相互拼接，可以实现构件之间的互连。由于这些构件是六面体，因此接合的角度一般为0°或90°。如果需要实现其他角度的连接，有专用的楔形体可供使用，这些楔形体提供的角度有7.5°、15°、30°、60°等，楔形体的角度已在其侧面标明。

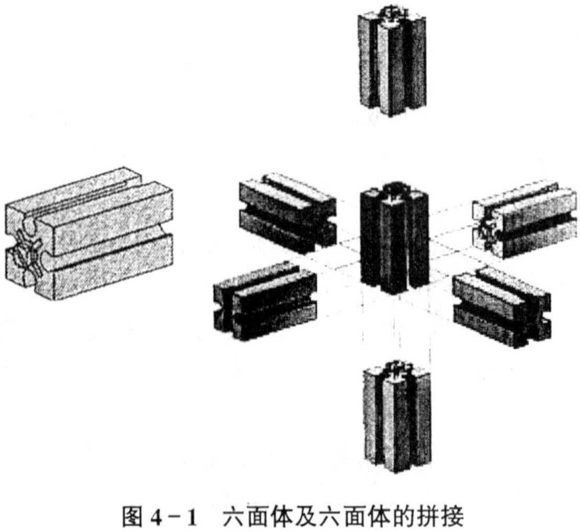

图4－1　六面体及六面体的拼接

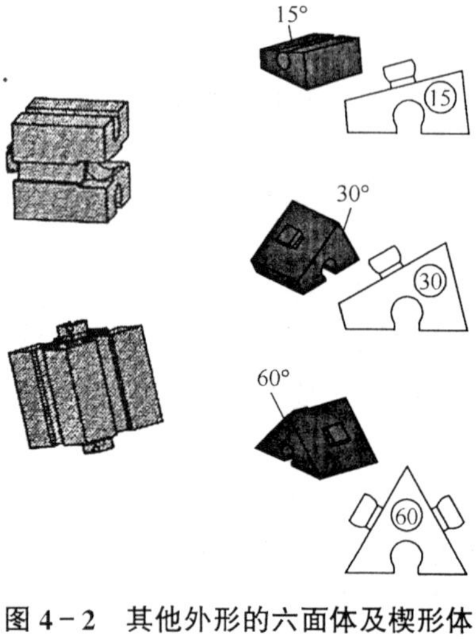

图4－2　其他外形的六面体及楔形体

2. 齿轮、齿轮轴与齿条（见图4－3、4－4、4－5）

慧鱼模型提供的齿轮种类比较多，其中普通外啮合齿轮还可用作蜗轮。

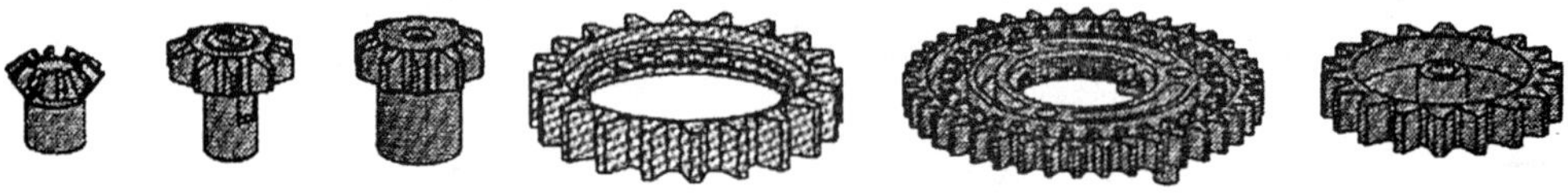

图4－3　齿　轮

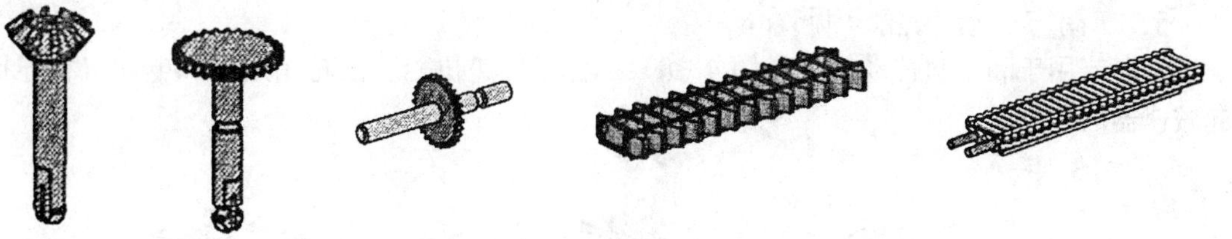

图 4－4　齿轮轴和齿条

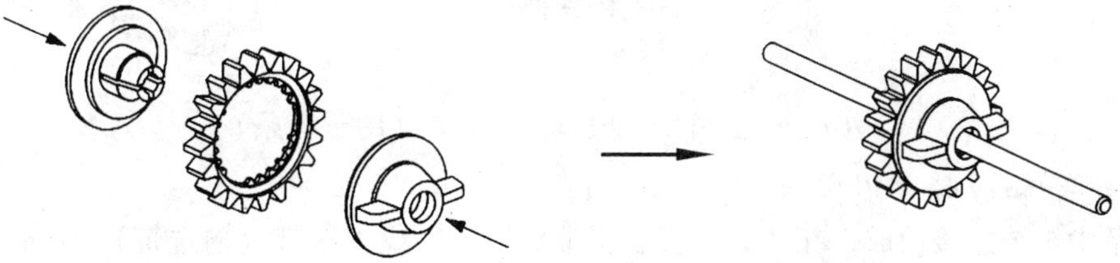

图 4－5　图 4－3 中的第 4 个齿轮通过夹具与金属杆组成齿轮轴

3．蜗轮、蜗杆和螺旋传动（见图 4－6、4－7）

慧鱼模型提供的蜗轮蜗杆形式多样，除图中所示的蜗轮外，所有的外啮合齿轮也都可用作蜗轮。小尺寸蜗杆还可以用作螺旋传动的螺杆，如图 4－7 所示。

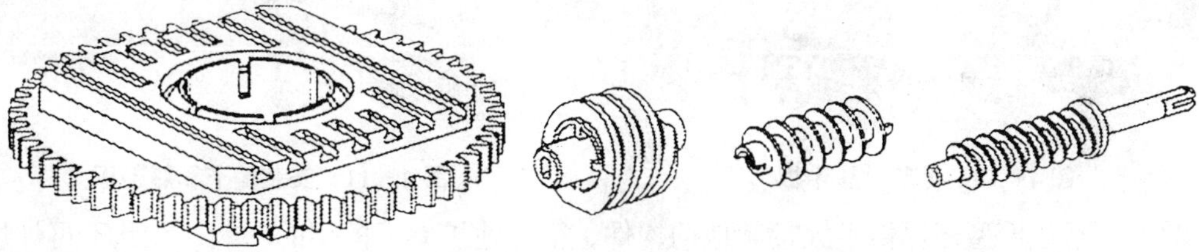

图 4－6　蜗轮和蜗杆

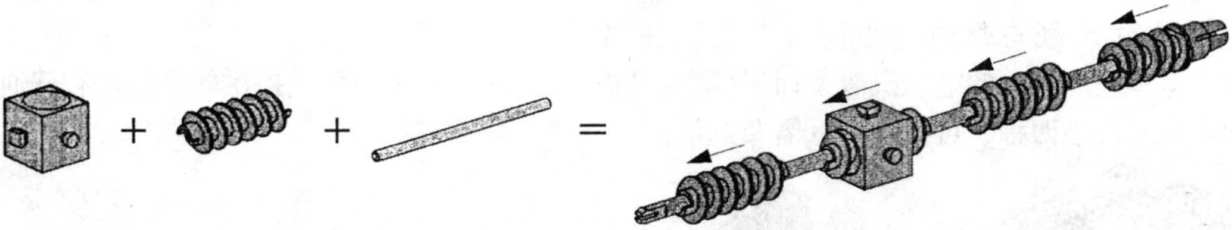

图 4－7　螺旋传动

4．导轨与连杆（见图 4－8）

慧鱼模型提供了多种长度的塑料或金属杆件，可用作导轨、连杆和传动轴等。

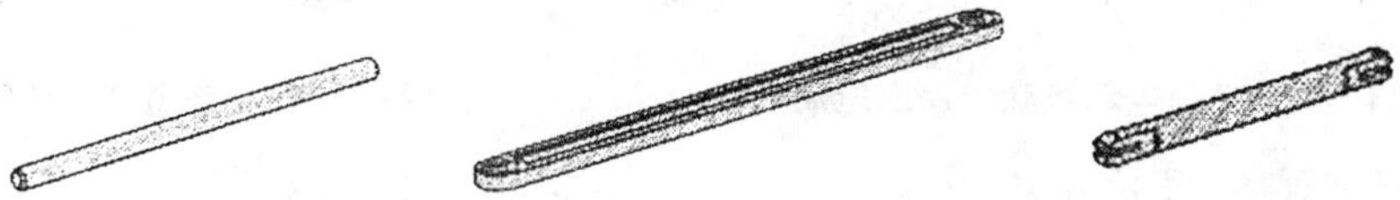

图 4－8　金属杆、连接杆（塑料）、传动轴（塑料）

5．万向节、齿轮箱（见图4－9）

万向节用于和塑料传动轴（见图4－8）配合以传递扭矩。齿轮箱用于和电动机相连接，起减速器的作用。

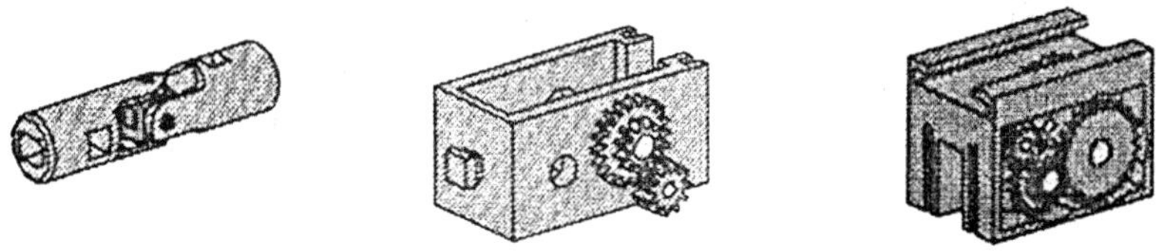

图4－9 万向节、齿轮箱、齿轮箱（用于齿条）

6．链条和履带（见图4－10、4－11）

链条由链节连接而成，在链条上安装履带板后，就成为履带（输送带）。链轮可以用齿轮代替。

图4－10 链节、履带板

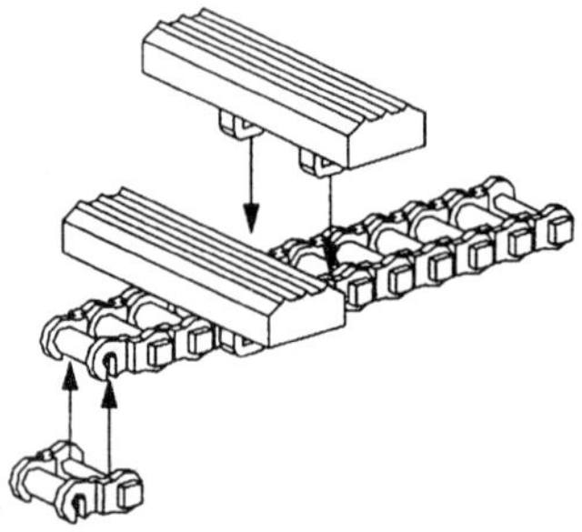

图4－11 安装链节和履带板

此外，慧鱼模型还提供了大量其他的构件，很好地扩展了模型的功能，在此不再详述。

二、电气构件

1．电动机与灯泡（见图4－12、4－13）

慧鱼模型提供的电动机有普通迷你电动机和大功率电动机两种，提供的灯泡也有普通灯泡和聚光灯泡两种，可根据实际需要选用。

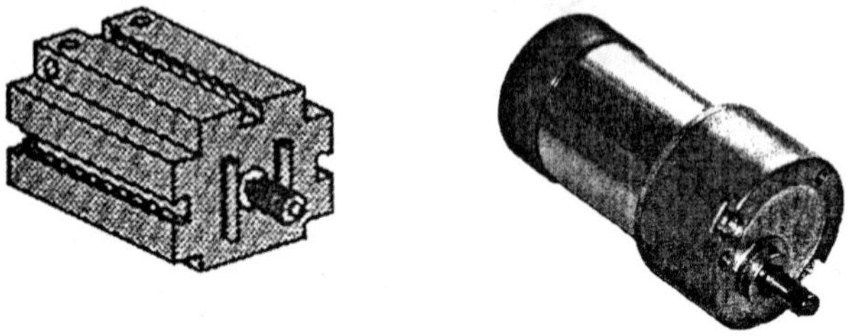

图4－12 普通电动机和大功率电动机

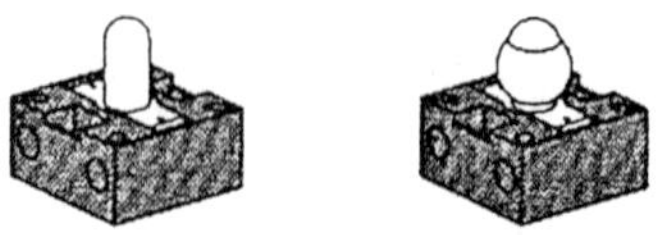

图4－13 普通灯泡和聚光灯泡

2．小型开关的工作原理（见图4－14、4－15、4－16）

小型开关上有3个针脚：0针脚和1针脚形成一个常闭开关；0针脚和2针脚形成一个常开开关；当按键3被压下时，小型开关的通断状态改变，电脑接口板检测到数字信号“1”或“0”，利用这个原理，小型开关可以用作运动部件的限位开关。

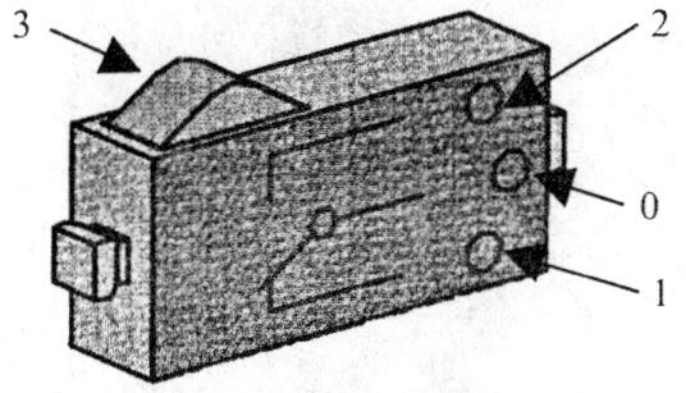

图4-14　小型开关

图4-15　脉冲齿轮

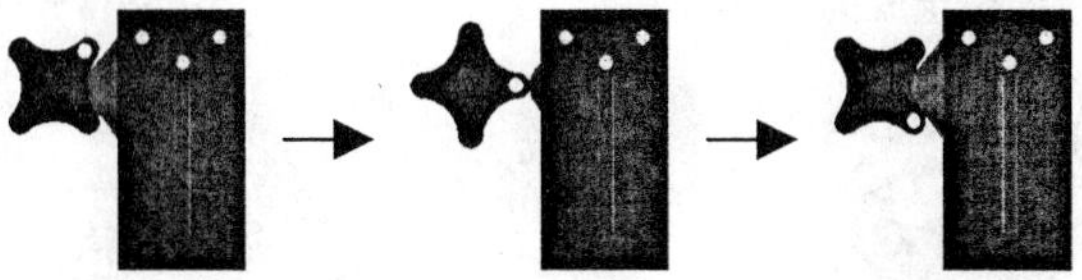

图4-16　脉冲齿轮按压小型开关的过程

在模型中还提供了一种特殊的脉冲齿轮，该齿轮有4个齿，使用该齿轮和小型开关配合，可以对运动件的运行位置进行精确定位，如图4－15所示。将脉冲齿轮与电动机相连，电动机每转动一圈，脉冲齿轮将小型开关按下4次，通过检测小型开关被按下的次数，即可实现精确定位。

3．光敏传感器的工作原理（见图4－17）

光敏传感器用于检测光源强度，当光线足够强时，传感器内部的电路闭合，接口板上检测到数字信号“1”，否则检测到数字信号“0”。

光敏传感器也可用作限位开关。同时，由于深色物体吸收光线，而浅色物体反射光线，光敏传感器还可以用来鉴别深色和浅色物体。

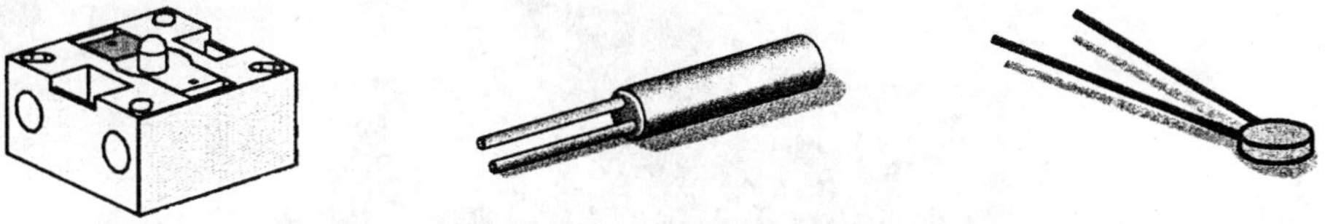

图4－17　光敏传感器、磁敏传感器、热敏传感器

4．磁敏传感器的工作原理

磁敏传感器用于检测环境的磁场强度，当磁场强度达到一定值后，传感器内部的电路闭合，接口板上检测到数字信号“1”，否则检测到数字信号“0”。

5．热敏传感器的工作原理

热敏传感器是一个模拟信号传感器，其电阻的阻值随温度上升而减小。

三、气动构件（见图4－18、4－19、4－20）

慧鱼模型的气动构件使用一个小型空气压缩机作为气源，压缩空气通过气管、弯头、气阀、气缸等部件来传递动力，可模拟液压系统。

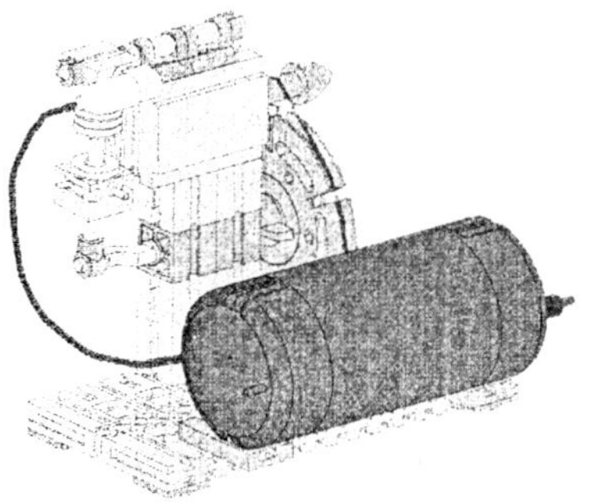

图 4－18 由储气罐、活塞等组成的空气压缩机

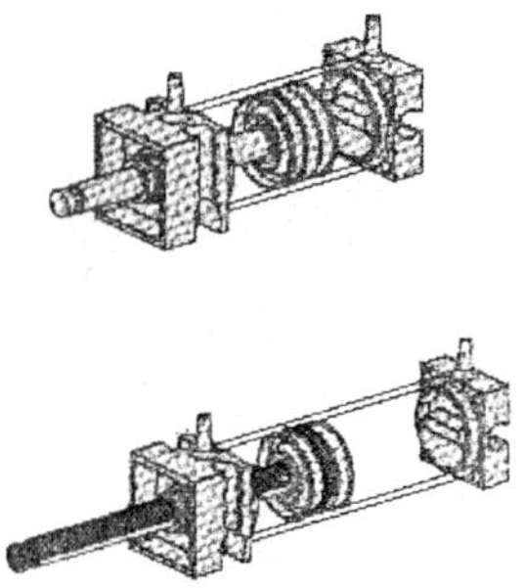

图 4－19 气 缸

图 4－20 电磁气阀和气弯头

第三节 接 口 板

拼装完成的模型，可以通过接口板或 PLC 进行编程控制。慧鱼创意组合模型使用的接口板有并口接口板、智能接口板、ROBO 接口板 3 种类型。

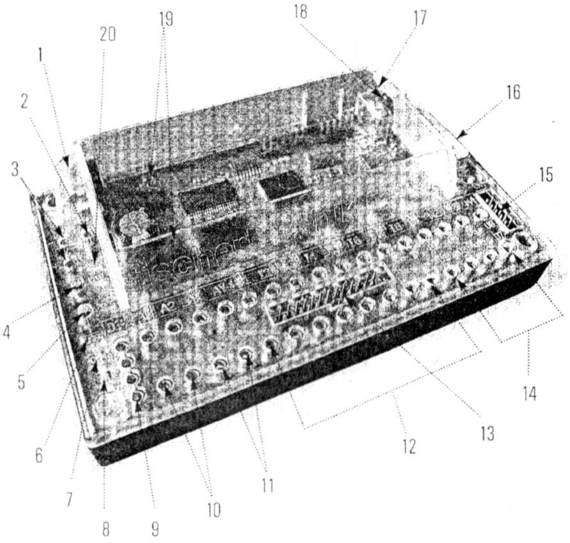

图 4－21 ROBO 接口板

一、ROBO 接口板（见图 4－21）

ROBO 接口板通过计算机的 USB 端口或串口进行通讯，也可以使用红外线遥控器进行控制，通过接口板上的“Port”按钮，可以在自动、USB、串口、红外线遥控等几种接口模

式中切换。

每个接口板使用 9 V 直流电源供电，自带 16 MHz 微处理器和存储器，可以将程序下载到接口板上，从而脱离计算机进行独立控制。

该接口板自带 128 K 容量的 Flash 存储器和 RAM 存储器各 1 个，可以下载并存储控制程序。Flash 上可存储 2 个控制程序，RAM 上可存储 1 个控制程序。Flash 上存储的程序在断电后不会丢失，RAM 上的程序则不然。

接口板可以检测 8 路数字信号和 4 路模拟信号（电阻量和电压量各 2 路）的输入，并驱动 4 路电动机。通过线缆最多可以与 3 块 ROBO 接口扩展板实现级联，扩展所使用的传感器和电动机数量。

1. 电　源

接口板上有两处电源接口，接口 1 用于直接连接 9V 直流稳压电源，接口 3 用于从电池盒等外接电源获得供电。

2. 数据线接口

接口 16 用于通过标准串口连接线（RS232）与计算机的串口连接，与计算机通讯时指示灯 7 闪烁。

接口 17 用于通过 USB 连接线与计算机的 USB 端口连接，与计算机通讯时指示灯 6 闪烁。

用户可以指定接口板所使用的接口。通过按压“Port”按钮（见图 4－21 中“5”指示），可以在自动、USB、串口、红外等几种模式中切换。指示灯 6 和 7 交替闪烁表示接口板处于自动状态，接口板将自动侦测并使用接收到数据的那个接口。指示灯 6 亮表示使用 USB 端口，指示灯 7 亮表示使用串口，指示灯 8 亮表示使用红外线遥控，接口板的红外线遥控接收器见图 4－21 中“18”指示。

接口 15 用于级联 ROBO 接口扩展板。

3. 数字信号输入

接口板的 I1～I8 接口（见图 4－21 中“12”指示）用于连接数字信号传感器，当传感器处于闭合状态时，接口板检测到数字信号“1”并反馈给计算机，否则检测到数字信号“0”。

4. 模拟信号输入

接口板的 AX、AY 两个接口（见图 4－21 中“11”指示）用于连接模拟信号（电阻量）传感器，当传感器的电阻值发生变化时，接口板将变化量检测并反馈给计算机。模拟信号的检测范围为 0～5.5 kΩ。

A1、A2 两个接口（见图 4－21 中“10”指示）也用于连接模拟信号（电压量）传感器，当传感器的电压发生变化时，接口板将其检测并反馈给计算机。模拟信号的检测范围为 0～10 V。

D1、D2 两个接口（见图 4－21 中“9”指示）用于连接慧鱼专用的距离传感器，该传感器的检测范围为 0～50 cm。

5. 功率输出

接口板的 M1～M4 接口（见图 4－21 中“14”指示）用于驱动电动机、灯泡、电磁铁等外界负载，驱动电动机时，可使电动机正转、反转或停止。

如果将灯泡或电磁铁等电阻性负载（指不同于电动机那样有正负极要求的负载）的一个引脚与 M1～M4 的任一个引脚连接，另一个引脚与接地端“⊥”（见图 4－21 中“2”指示）相连时，则可以使被控制的灯泡或电磁铁数量翻倍，这种连接方式可以称为“半连接”。如果电动机也采用“半连接”的方式连接在接口板上，将只能向一个方向转动。

6. 选择和执行存储的控制程序

按住接口板上的“Prog”按钮（见图 4－21 中“4”指示）不放，可以选择存储在接口板上的控制程序。按住“Prog”按钮 1 秒钟后，“Prog1”指示灯亮起来，Flash 上存储的第 1 个程序被选择；按住 2 秒钟后，“Prog2”指示灯亮起来，Flash 上存储的第 2 个程序被选择；按住 3 秒钟后，“Prog1”和“Prog2”指示灯同时亮起来，RAM 上存储的程序被选择；按住 4 秒钟后，两个指示灯都熄灭，没有程序被选择。

在选择了需要的程序后，放开“Prog”按钮，然后再按压一次该按钮，程序就开始运行，同时对应的指示灯闪烁，再按压一次“Prog”按钮后，程序停止。

如果在下载程序时选择了“Auto start on power on”（下载方法见第四节），则接口板接通电源后，Flash 上存储的第 1 个程序会自动运行。如果要防止自动运行，必须在接通电源后按住“Prog”按钮直到指示灯 6 和 7 闪烁为止。

需要说明的是，由于 Flash 上的程序也要使用 RAM 存储器，因此在向 Flash 下载程序或执行 Flash 中存储的程序后，RAM 中存储的程序会丢失。鉴于此，同时考虑到 RAM 的速度远快于 Flash 这一因素，建议将 RAM 用于测试场合的下载。

二、ROBO 接口扩展板（见图 4－22、4－23）

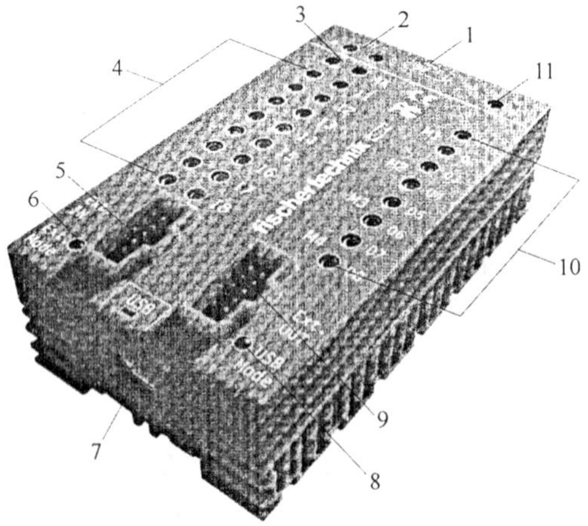

图 4－22 ROBO 接口扩展板

ROBO 接口扩展板用于和 ROBO 接口板或 ROBO 接口扩展板级联，增加计算机同时控制的传感器和电动机数量。一块 ROBO 接口板最多可级联 3 块 ROBO 接口扩展板。

该接口扩展板也可以通过 USB 端口直接与计算机连接，此时它相当于 ROBO 接口板的功能，但不能下载并存储控制程序，也不能级联下一级 ROBO 接口扩展板。如果该接口扩展板同时与计算机 USB 端口连接，又和上一级接口板级联，则只起接口扩展板的作用。

该接口扩展板使用 9 V 直流电源供电，可以检测 8 路数字信号和 1 路模拟信号的输入，并驱动4路电动机。

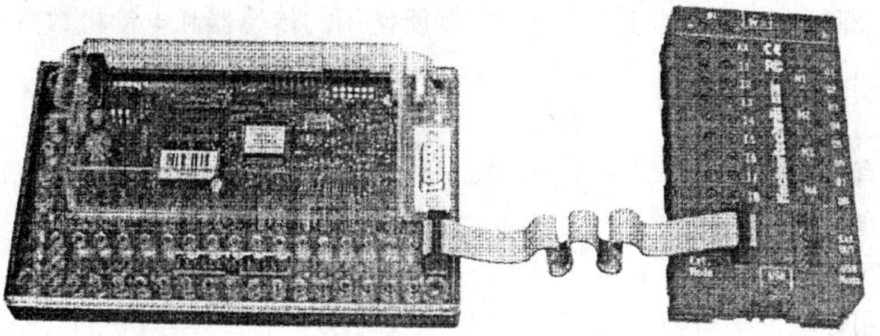

图4-23　ROBO接口板与ROBO接口扩展板的级联

1．电　源

接口板上有两处电源接口，接口1用于连接9 V直流稳压电源，接口2用于从电池盒等外接电源获得供电。

2．数据线接口

接口5用于和ROBO接口板级联，连接正常时指示灯6闪烁。接口9用于被下一级ROBO接口扩展板级联。

接口7用于直接和计算机的USB端口连接，此时相当于ROBO接口板的功能，连接正常时指示灯8闪烁。

3．数字信号

I1～I8接口用于检测数字信号输入。

4．模拟信号

接口AX用于检测模拟信号（电阻量）。

5．输出

接口板的M1～M4接口用于驱动外界负载。引脚11为接地线。

三、智能接口板（见图4-24）

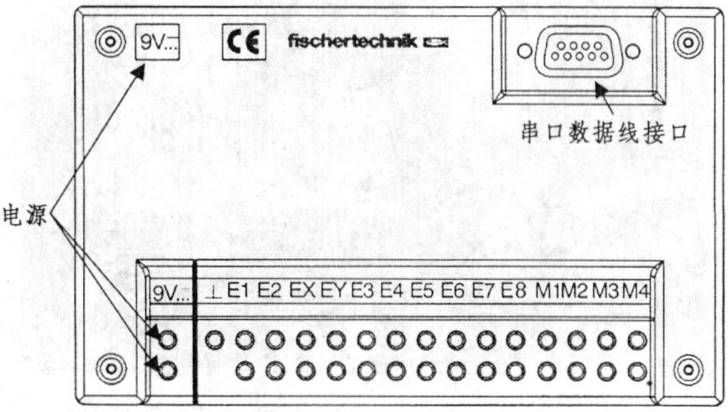

图4-24　智能接口板

智能接口板通过计算机的串口进行通讯，每个接口板使用9 V直流电源供电，自带微处理器和32 k容量的RAM存储器，可以将程序下载到接口板上，从而脱离计算机进行独立控制。

接口板可以检测 8 路数字信号和 2 路模拟信号（电阻量）的输入，并驱动 4 路电动机。通过线缆可以级联 1 个智能接口扩展板，扩展所使用的传感器和电动机数量（模拟信号传感器数量不能增加）。

1. 电　源

接口板上有两处电源接口，左上角的接口用于直接连接 9 V 直流稳压电源，左下角的接口用于从电池盒等外接电源供电。

2. 数据线接口

接口板使用标准的串口数据线（RS232），数据线一端与计算机串口连接，另一端与接口板右上角的接口连接。

当接口板与智能接口扩展板级联时，需要打开接口板的外壳来连接扩展板的数据线。

3. 数字信号输入

接口板的 E1～E8 接口用于连接数字信号传感器，功能和 ROBO 接口板的 I1～I8 相同，当传感器处于闭合状态时，接口板检测到数字信号“1”并反馈给计算机，否则检测到数字信号“0”。

4. 模拟信号输入

接口板的 EX、EY 两个接口用于连接模拟信号传感器，功能和 ROBO 接口板 AX、AY 相同，当传感器的电阻值发生变化时，接口板检测并反馈给计算机。模拟信号的检测范围为 0～5 kΩ。

5. 功率输出

接口板的 M1～M4 接口用于驱动电动机、灯泡、电磁铁等外界负载。驱动电动机时，可使电动机正转、反转或停止。它类似于 ROBO 接口板，也可以进行“半连接”。

四、并口接口板（见图 4－25）

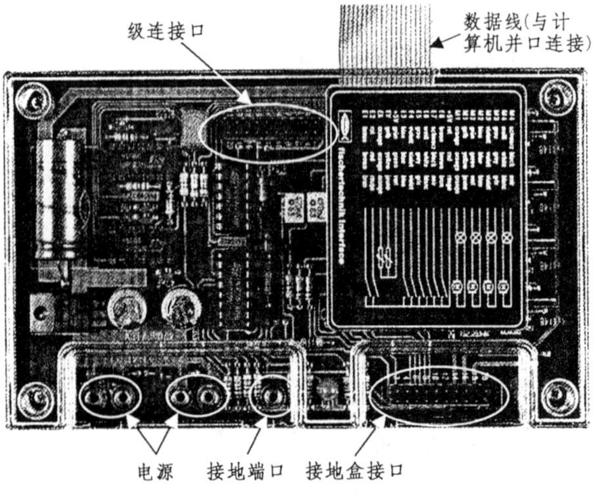

图 4－25　并口接口板

并口接口板是慧鱼公司最早生产的接口板，它通过计算机的并口进行通讯，不具备下载程序的功能。每个接口板使用 9 V 直流电源供电，可以检测 8 路数字信号和 2 路模拟信号

（电阻量）的输入，并驱动 4 路电动机。通过线缆可以与另一块并口接口板进行级联，扩展所使用的传感器和电动机数量（模拟信号传感器数量不能增加）。

1. 电　源

接口板上有两处电源接口，可任意使用一处。

2. 数据线接口

接口板使用数据线与计算机并口连接，当接口板与另一块并口接口板级联时，需要打开接口板的外壳来连接扩展板的数据线。

接口板自身不带传感器和电动机接口，而通过如图 4－26 所示的一个接线盒来完成，该接线盒通过一根 20 针的数据电缆与接口板相连接。

3. 数字信号输入

接线盒的 E1～E8 接口用于连接数字信号传感器，功能和 ROBO 接口板的 I1～I8 相同。

4. 模拟信号输入

接线盒的 EX、EY 两个接口用于连接模拟信号传感器，功能和 ROBO 接口板 AX、AY 相同。模拟信号的检测范围为 0～5 kΩ。

5. 功率输出

接线盒的 M1～M4 接口用于驱动电动机、灯泡、电磁铁等外界负载。驱动电动机时，可使电动机正转、反转或停止。它类似于 ROBO 接口板，也可以进行“半连接”。

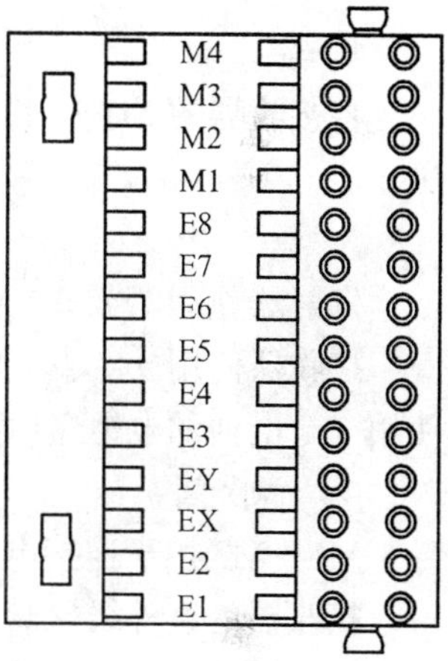

图 4－26　接线盒

五、红外线遥控

慧鱼公司提供了红外线遥控器，可以远距离手动控制模型的运转，图 4－27 所示为红外线遥控器的发射器，图 4－28 所示为接收器。

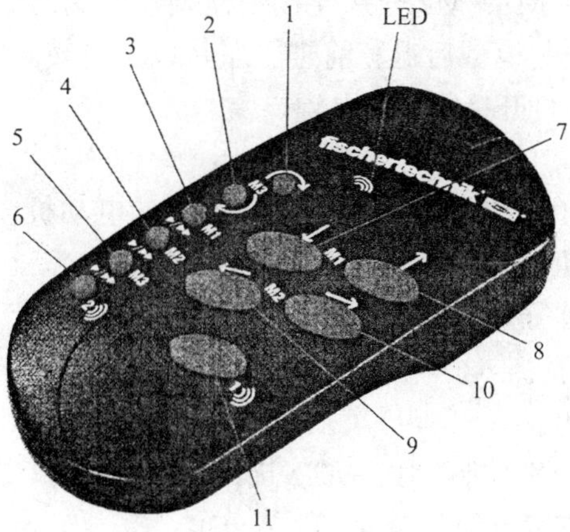

图 4－27　红外线遥控器——发射器

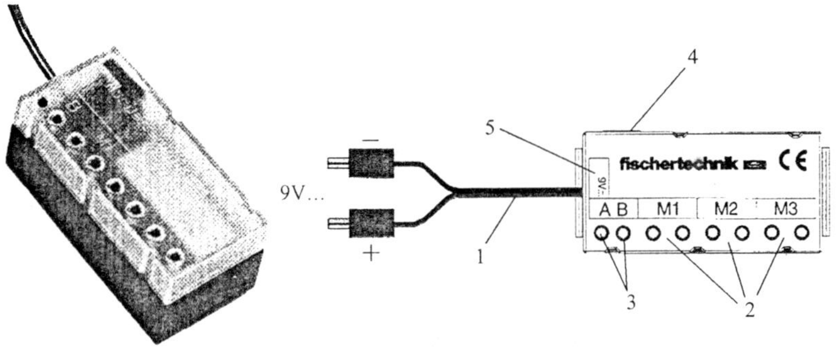

图 4-28 红外线遥控器——接收器

1. 安 装

将接收器的 M1～M3 接口直接与模型上的电动机或灯泡等负载连接即可，遥控距离为 10 m。

2. 电 源

发射器使用两节 AAA 型号的电池。

接收器使用 9 V 直流电源，通过图 4-28 中的电源线“1”与电源连接。实验室提供了使用 6 节电池的电池盒以及可充电电源。

3. 接收器

M1～M3 用于连接电动机等负载，如图 4-28 中“2”所示。

接收器的红外线探测二极管安装在图 4-28 中“4”所示的位置，在将接收器安装到模型上时，请确保该二极管没有被遮挡。

图 4-28 中“5”所示的绿色指示灯在电源接通后点亮，在接收到信号时闪烁。

图 4-28 中“3”所示的接口 A、B 用于“汽车模式”。在慧鱼模型中，移动机器人、汽车等模型是通过左右侧 2 个相互独立的电动机驱动的，如果两个电动机的转向相同，则模型向前（或向后）直线运动；如果两个电动机的转向相反，则模型在原地打转。如果将 A 和 B 两个接口短接起来，同时将 M1、M2 分别连接到模型左右侧的 2 个电动机，则发射器上的“7～10”4 个按键可分别控制模型后退、前进、左转以及右转。要启用“汽车模式”，需要先将 A、B 接口短接后，再打开接收器的电源。

4. 发射器

“7”号键和“8”号键用于控制接收器 M1 上连接的电动机，作用是分别使电动机正转和反转。按下它一次则启动电动机，再按一次则关闭。

“9”号键和“10”号键分别控制接收器 M2 上连接的电动机，“1”号键和“2”号键控制接收器 M3 上连接的电动机。这 4 个按键和“7”、“8”两键的控制方式不同：按住按键启动电动机，松开按键则关闭。

“3”、“4”、“5”号键分别控制 M1、M2、M3 的转速：按一次，电动机的转速降低；再按一次，电动机的转速则恢复到原先速度。

红外线遥控器所能控制的负载只有 3 个，为此慧鱼公司提供了另一种编码的红外线遥控接收器，使得 1 个发射器可以控制 2 个接收器，可控制的负载总数达到 6 个。按压“6”号键切换为控制另一种接收器，按压“11”号键切换回原先控制的接收器。

当按下按键时，发射器的 LED 指示灯点亮。

5. 遥控 ROBO 接口板

当 ROBO 接口板处于红外遥控模式时，使用发射器可以控制接口板 M1～M3 上连接的电动机等负载。

六、无线电通讯

慧鱼公司提供了无线电通讯设备。使用该设备，可以实现远距离计算机与 ROBO 接口板的通讯，而不需要数据线。

第四节 控制软件

接口板连接到计算机后，必须通过软件来实现对模型的控制。慧鱼公司提供的控制软件有 LLWin 和 ROBOPro 两种，除此之外，还可以使用自行开发的动态链接库，通过高级语言编写程序，调用相关函数，实现对模型的控制。

一、ROBOPro 软件

ROBOPro 软件在 Windows 平台下运行，该软件界面友好、功能丰富，能驱动智能接口板和 ROBO 接口板，但在驱动智能接口板时，不能将程序下载到接口板上。

ROBOPro 软件可以同时控制连接在计算机不同串口或 USB 端口上的多个接口板，还可以控制电动机以 8 挡不同的转速转动。

1. 软件界面

ROBOPro 软件的主界面如图 4－29 所示。上方为一些常用的设置按钮，从左到右依次是新建程序、打开程序、保存程序、删除程序中的函数或流程线、启动程序、停止程序、下

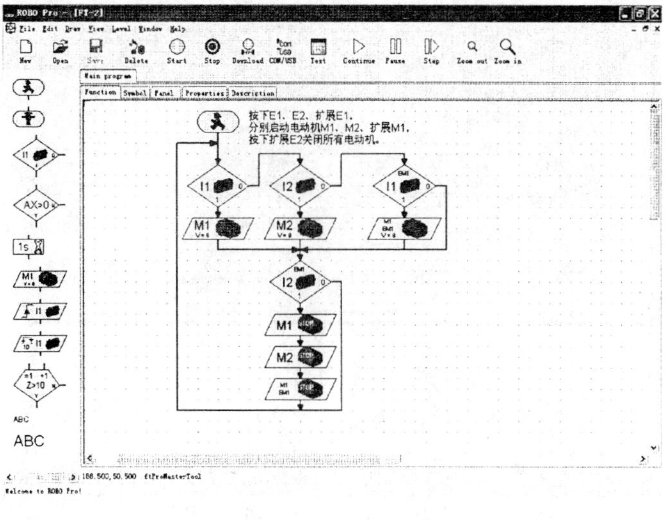

图 4－29 ROBOPro 软件的界面

载程序、端口设置、端口测试、继续执行程序、暂停执行程序、步进执行程序、缩小视图以及放大视图。

左侧为慧鱼模型使用的功能函数。从上到下依次是程序开始函数、程序结束函数、数字信号分支函数、模拟信号分支函数、延时函数、输出设置函数、数字信号检测函数、脉冲计数函数、循环函数和添加注释。

2. 设置和检测接口板

单击按钮设置程序所使用的计算机端口，界面如图 4－30 所示。在“Port”中选择程序所使用的计算机端口，其中“Simulation”端口是仿真端口，不能驱动接口板。在“Interface”中选择所使用的接口板类型。

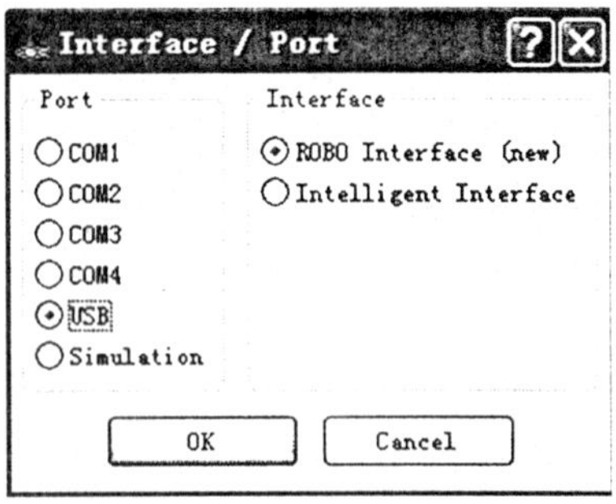

图 4－30 接口板/端口设置对话框

单击按钮检测接口板的状态，如果所使用的计算机端口或接口板类型设置不正确，会有错误提示。如果设置正确，就会出现如图 4－31 所示的界面，这里可以检测接口板的所有输入、输出信号。

“Inputs”中的 I1～I8 显示数字信号传感器的当前检测值，如果检测到“1”，会在“□”内显示“☑”。

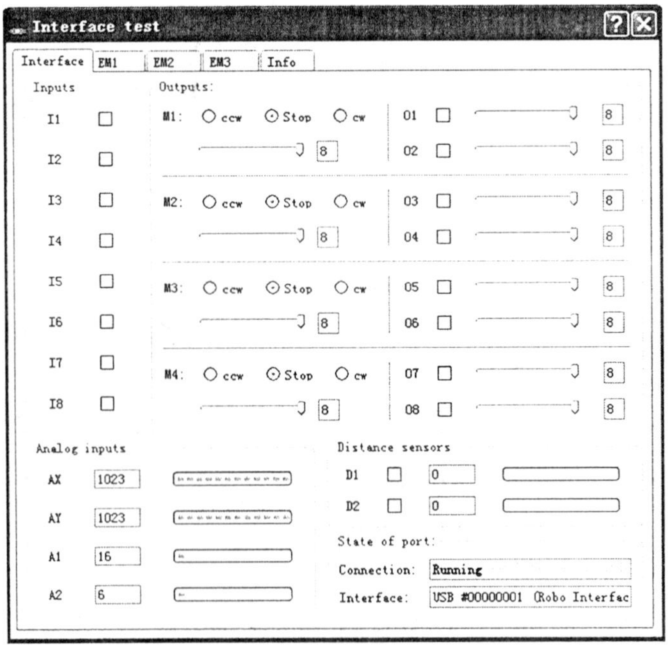

图 4－31 接口板测试

“Analog inputs”中显示模拟信号传感器的当前检测值，AX、AY 为电阻值，A1、A2 为电压值。

“Outputs”用于测试电动机，点击“ccw”、“Stop”和“cw”分别使电动机逆时针转动、停止和顺时针转动，拖动下方的滑块可调节电动机的转速（8 档）。该栏还可以测试“半连接”的电阻性负载。

“Distance sensors”显示慧鱼专用的距离传感器的检测值。

“State of port”显示接口板当前的连接状态及所使用的端口。

EM1～EM3标签用于检测计算机上的其他接口板或接口扩展板的状态，Info用于设置和察看接口板的信息，在该页面中（见图4－45）单击“Erase Flash 1”和“Erase Flash 2”可以擦除Flash中存储的程序。

3．添加、删除功能函数和流程线

当需要添加功能函数时，只需将功能函数的图标拖放到编程窗口中即可。在编程窗口中右键单击功能函数，可对其进行编辑。

使用鼠标依次单击函数的连接点，即可绘制流程线、连接函数，如图4－32所示。

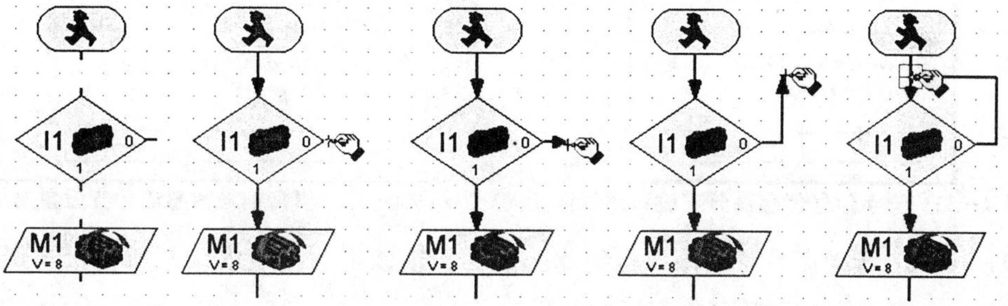

图4－32　绘制流程线

点击 Delete 按钮，再选择需要删除的功能函数或流程线即可删除它们。也可先选择需删除的内容（被选择的内容会变红），再按delete键进行删除。如果在窗口的空白区域开始拖放鼠标，还可以选择一个区域中的所有内容。

函数和流程线可以被复制或移动。

4．基本功能函数简介

(1)：程序开始。该函数放在每个程序的起始位置。

(2)：程序结束。该函数放在每个程序的结束位置。

(3)：检测数字信号传感器的状态，并根据状态执行不同的程序分支。右键单击该函数，会出现如图4－33所示的对话框。“Digital input”可以选择被检测的传感器。“Interface／Extension”选择传感器所在的接口板，IF1代表直接与计算机相连接的接口板，EM1～EM3代表级连的接口扩展板或其他端口上的接口板。“Image”选择函数所检测的传感器类型，除了小型开关外，还可以选择光敏传感器、磁敏传感器等图标，这个选项并不影响函数的实际功能，仅仅是显示函数所检测的传感器类型，使程序更加直观。“Swap I/O branches”用于交换函数的分支方向，当选择“Swap I/O branches”时，传感器信号为“1”时执行右侧的程序分支语句，为“0”时执行下面的程序分支。

(4)：检测模拟信号传感器的状态，并根据状态执行不同的程序分支。右键单击该函数，会出现如图4－34所示的对话框。“Analog input”可以选择被检测的传感器。

“Interface / Extension”选择传感器所在的接口板。“Condition”选择程序的分支条件，如大于或小于某一数值，数值应在0～1023之间。“Swap I/O branches”交换函数的分支方向。

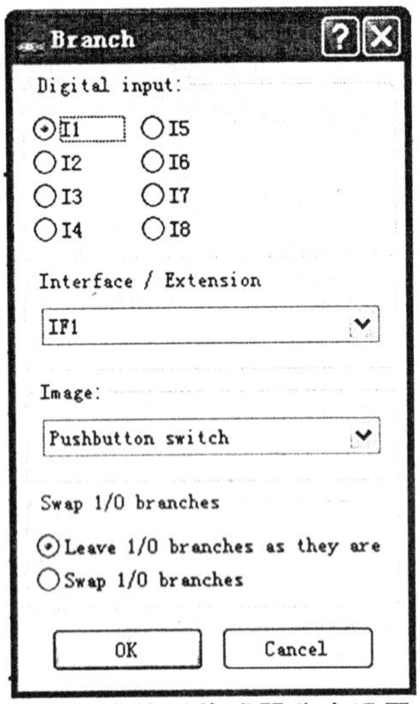

图4-33　数字信号传感器分支设置对话框

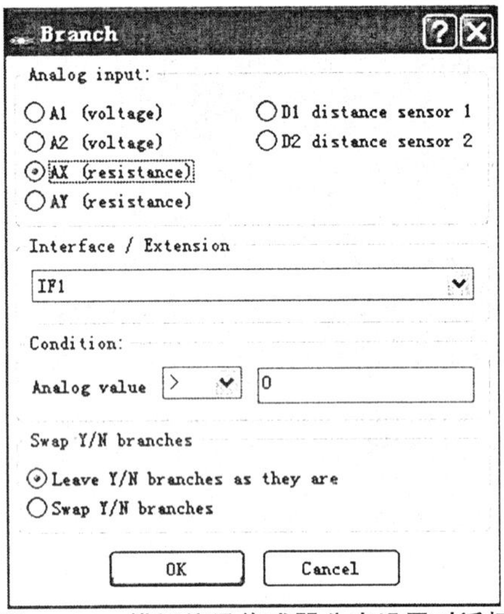

图4-34　模拟信号传感器分支设置对话框

（5）：延时函数。程序执行到此函数后，按该函数指定的时间等待，再继续执行后续语句。右键单击该函数可设置延时时间。

（6）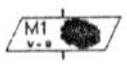：设置电动机或其他负载的运转状态。右键单击该函数，会出现如图4-35所示的对话框。“Motor output”选择电动机或其他负载所在的接口。“Interface / Extension”选择电动机或其他负载所在的接口板。“Image”选择函数所驱动的负载类型（除电动机外，还可选择灯泡、电磁阀、电磁铁、蜂鸣器等），这个选项也仅仅是使程序更加直观。“Action”指定电动机的运转状态（逆时针、停止、顺时针）。“Speed”设置电动机的运转速度（8档），也可用来设置灯泡的明暗、电磁铁的磁性强弱等。

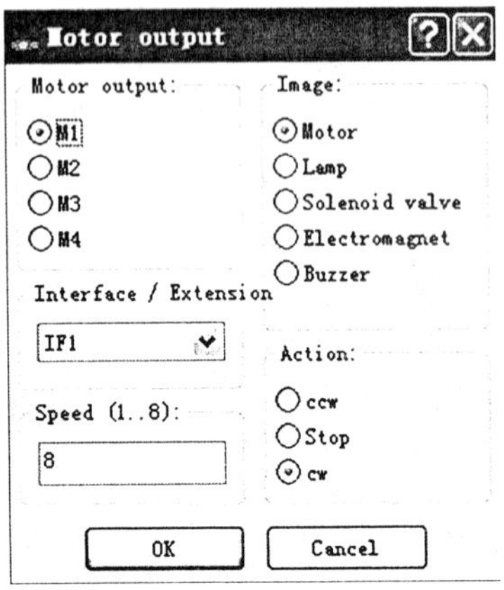

图4-35　输出设置对话框

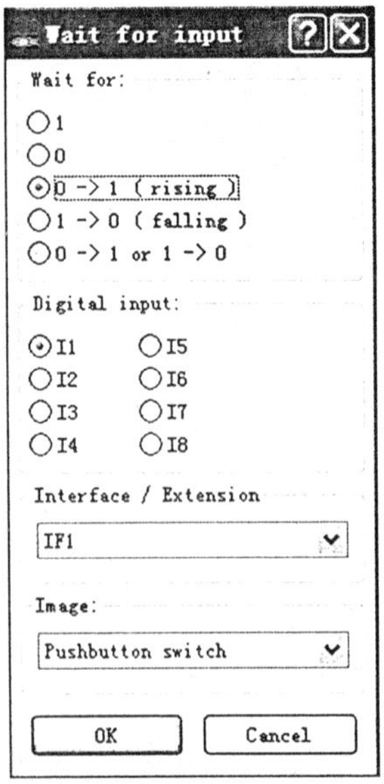

图4-36　数字信号检测对话框

(7) ：检测数字信号传感器的状态，直到满足设置条件后，才继续执行后续语句。右键单击该函数，会出现如图 4－36 所示的对话框。“Wait for”指定需要满足的条件，例如“0－>1 (rising)”选项表示传感器的信号必须从“0”切换到“1”，才算满足条件，后续语句才能被继续执行。“Digital input”、“Interface / Extension”、“Image”的功能不再赘述。

(8) ：检测并累加传感器信号切换的次数，切换次数达到指定值后，才继续执行后续语句。右键单击该函数，会出现如图 4－37 所示的对话框。“Number of pulses”指定信号切换的次数。“Pulse type”指定检测的切换类型，“0－>1 (rising)”检测并累加信号从“0”到“1”的切换次数，“1－>0 (falling)”检测并累加信号从“1”到“0”的切换次数，“0－>1 or 1－>0”检测并累加任意的信号切换次数。“Digital input”、“Interface / Extension”、“Image”的功能不再赘述。

(9) ：循环语句，按指定的次数重复执行某些语句。右键单击该函数，会出现图 4－38所示的对话框。“Loop count”指定循环的次数。“Swap Y/N branches”交换分支方向。图 4－39 是一个应用循环语句的典型例子，在该例子中，M1 接口上的灯泡亮 0.2 秒后，再关闭 0.2 秒，这样循环 10 次后，程序结束。

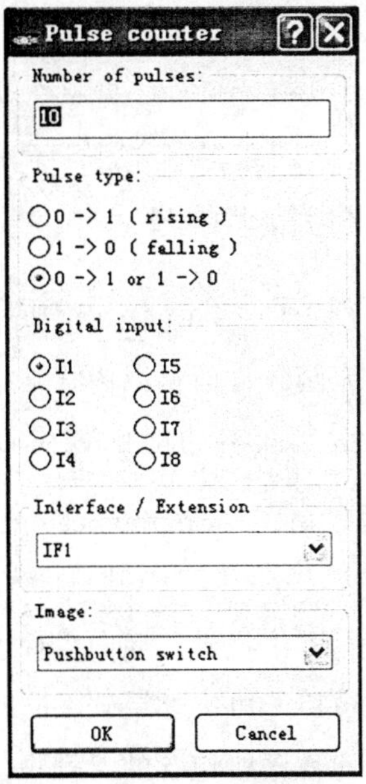

图 4－37　脉冲计数对话框

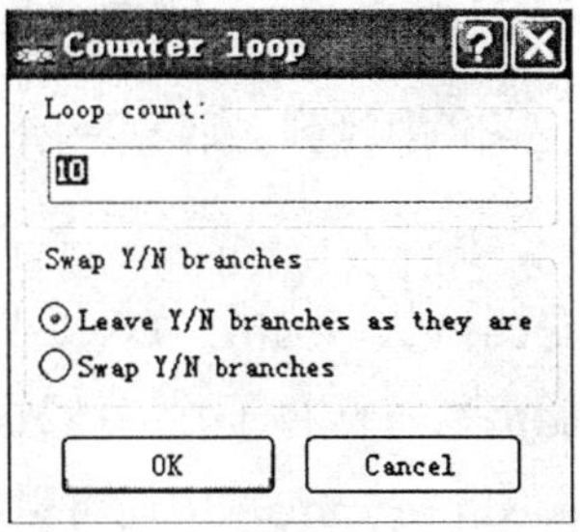

图 4－38　循环语句对话框

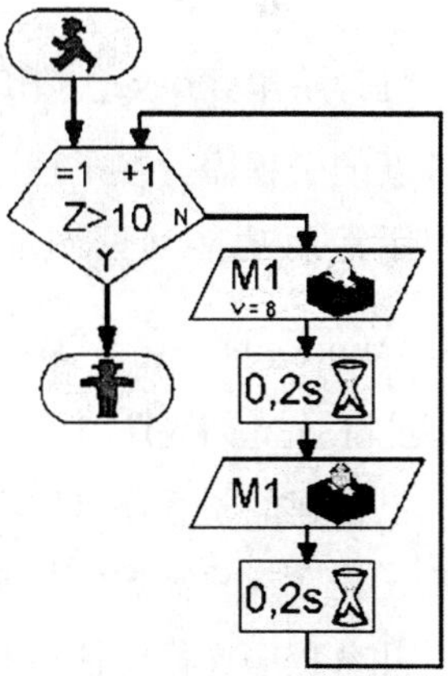

图 4－39　循环语句示例

5. 将程序下载到接口板

单击 Download 按钮可以将程序下载到接口板的内存中，从而脱离计算机独立运行。图 4－40 为下载程序的对话框，“Memory area”用于选择将程序存储在接口板的 RAM 或 Ftach 中 (RAM 上存储的程序在关闭电源后会丢失)。“Start program”用于选择程序是在下载完成后立即执行，还是按压接口板上的按钮后再执行。“Options”用于指定下次接通电源后，是否立即执行 Flash 上存储的第 1 个程序。

6. 子程序功能

对于复杂的控制程序，使用子程序可以简洁有效地编写程序，并且可以重复利用子程序。图 4－41 所示为一个典型的由子程序构成的控制程序，“Compressor”、“Init”、“Pusher 2”等都是子程序。图 4－42 所示为该程序中的“Init”子程序的详细内容。可以看出，子程序的编写和普通程序是一样的，唯一不同的是程序的开始和结束分别由、变成了 Entry、Exit。

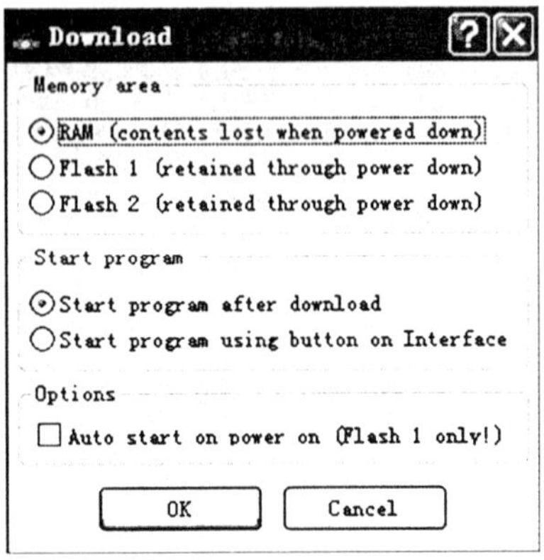

图 4－40 下载程序对话框

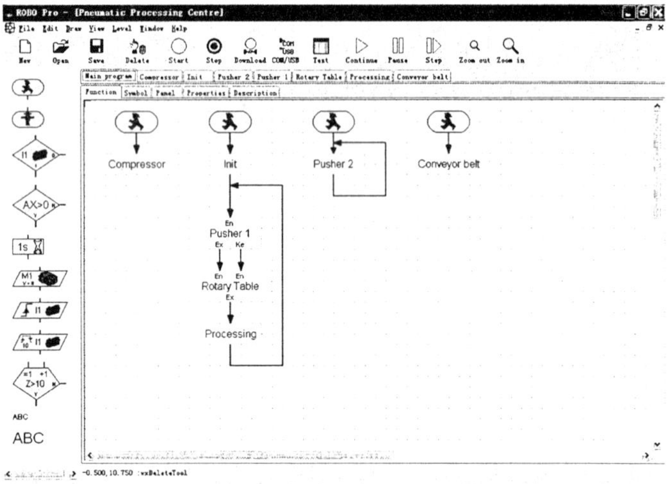

图 4－41 由子程序构成的控制程序

选择菜单［Level］中的［Level 2：subprograms］，即可使用子程序，单击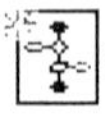按钮即可创建新的子程序。在子程序状态下，程序界面的左侧不再显示功能函数，而是以树状结构分类显示常用功能（见图 4－42 的左侧部分）。前面介绍过的各个基本功能函数可以在“Program elements”/“Basic elements”中找到。而 Entry、Exit 函数则在“Program elements”/“Subprogram I/O”中。

已创建的子程序可以在窗口左侧树状结构的“Loaded programs”中找到，而向主程序中添加子程序，只需像添加基本功能函数一样将子程序拖放进编程窗口即可。如果软件同时打开了几个程序文件的话，在“Loaded programs”中还可以看到其他程序所包含的子程序，这样就可以方便地使用其他程序中的子程序。

对于经常使用到的子程序，还可以使用“User library”来管理，通过［File］菜单中的［User library path］功能，指定一个目录后，该目录中所有程序都出现在树状结构的“User library”中，点击各程序，就可以看到各程序所包含的子程序。这样做的好处是不必打开这些程序就可以直接调用它们的子程序。

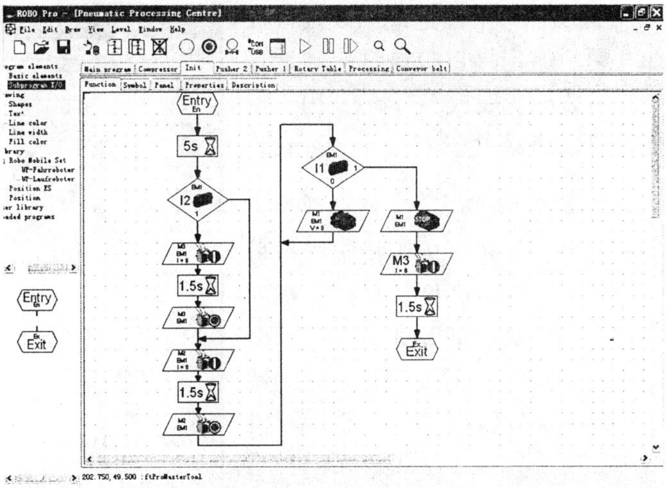

图 4-42　子程序

7. 同时使用多个接口板

ROBOPro 软件默认的接口板使用情况是：由 1 块 ROBO 接口板和 3 块 ROBO 接口扩展板依次级联而成 4 块接口板（可称为“1+3”模式）。实际使用中，用户可能需要使用更多的接口板，或改用其他类型的接口板，如使用 2 套由 1 块智能接口板和 1 块智能接口扩展板级联而成的接口板（可称为“2×2”模式）。当在模型上作了以上改动后，还需要在程序中对使用的接口板的信息进行修改，才可以保证程序和模型的正常运行，否则将可能因为程序发出的指令和实际使用的接口板类型不一致而造成错误。

单击编程窗口中的“Properties”标签，出现如图 4-43 所示的界面，在“Interface assignment”区域显示当前的接口板配置信息。单击“New”按钮可以添加新的接口板，单击“Edit”按钮可以编辑已有的接口板，对话框如图 4-44 所示。

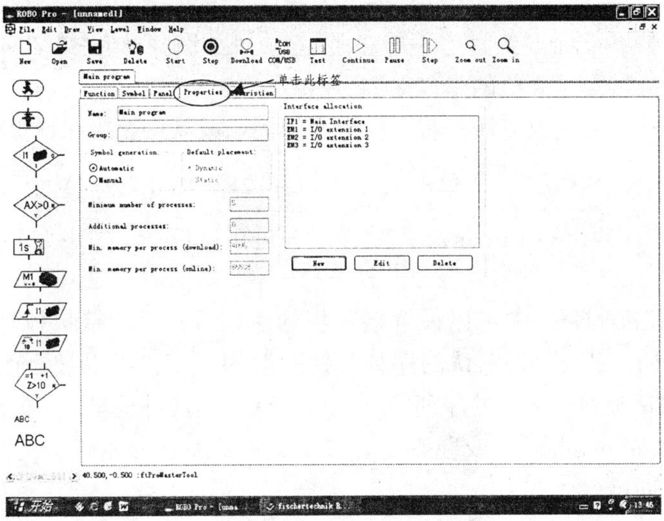

图 4-43　接口板情况

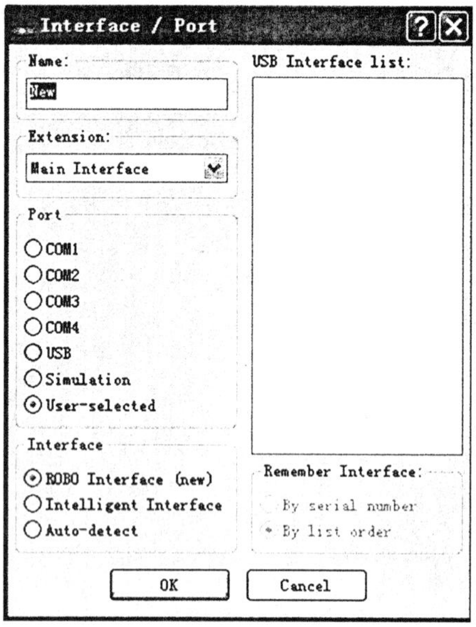

图 4－44　接口板和端口设置

在该对话框中，“Name”用于指定或修改接口板的名称。“Extension”用于指定接口板是直接和计算机连接的接口板，还是级联的扩展板。“Port”用于指定该接口板使用的端口，当选择“User－selected”时，所使用的端口由

按钮所弹出的对话框（见图 4－30）中的选项确定。“Interface”用于指定接口板类型，当选择“Auto detect”且接口板是与计算机的串口相连接时，程序将自动检测接口板的类型。

右侧的“USB Interface list”中显示当前连接到计算机 USB 端口上的 ROBO 接口板列表。由于计算机有多个 USB 端口，因此当多个 ROBO 接口板同时连接到多个 USB 端口上时，需要从该列表中指定当前设置的是哪一块 ROBO 接口板。

做好以上设置后，还必须将端口和接口板的设置信息保存在当前控制程序中，以备程序使用这些信息和接口板通讯，这个过程由“Remember Interface”设置。“By serial number”指定程序按接口板的产品序列号来保存信息，其缺点是，必须使用产品序列号与保存的信息相同的接口板，程序才能正常运行，否则必须更换接口板或者更改接口板的产品序列号。“By list order”提供了另一种方式来解决这个问题，程序按右侧窗口的接口板列表次序来保存设置信息，这样程序就可以在任一个接口板上运行。

默认情况下，所有的 ROBO 接口板和 ROBO 接口扩展板都使用相同的产品序列号。这样，在计算机看来，所有的接口板都是同一块接口板，如果模型仅使用了一块接口板，那么当替换了模型的接口板后，程序仍然可以正常运行。但在多个 USB 端口上同时使用多个 ROBO 接口板，而且是以“By serial number”方式保存设置时，由于它们的序列号相同，计算机就无法区分它们，反而导致程序不能正常运行，因此必须事先更改接口板的产品序列号，或者将接口板连接在计算机的串口上。

接口板的产品序列号更改方法：将需要更改的接口板单独连接在计算机 USB 端口上 → 单击

按钮并选择 USB 端口 → 单击

按钮并选择“Info”标签（见图 4－45）→ 更改产品序列号 → 单击“Write to Interface”将改动写进接口板 → 关闭接口板电源，再重新打开，改动生效。

在“USB serial number”中可以设置接口板的序列号，每个接口板都内建了 2 个序列号：“Default serial number”是默认的序列号，一般为“1”，可以被更改；“Unique serial number”是每个接口板独一无二的序列号（类似于网卡的硬件地址），不能被更改。可以手动输入“Default serial number”，或选择使用“Unique serial number”，使接口板的序列号不和其他接口板重复即可。

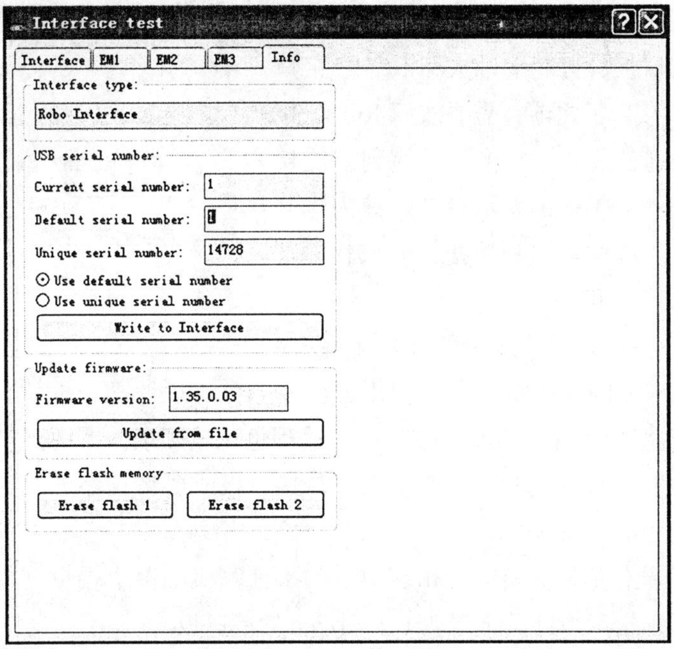

图 4－45　接口板信息

8. 其　他

ROBOPro 软件的功能非常丰富，厂家提供的说明书长达 84 页，因此本教材无法对所有的功能一一详述，许多功能如使用变量、面板、时间变量、子程序指令输入、列表、四则运算、逻辑运算等都留待读者在需要时自学。

二、LLWin 软件（见图 4－46、4－47）

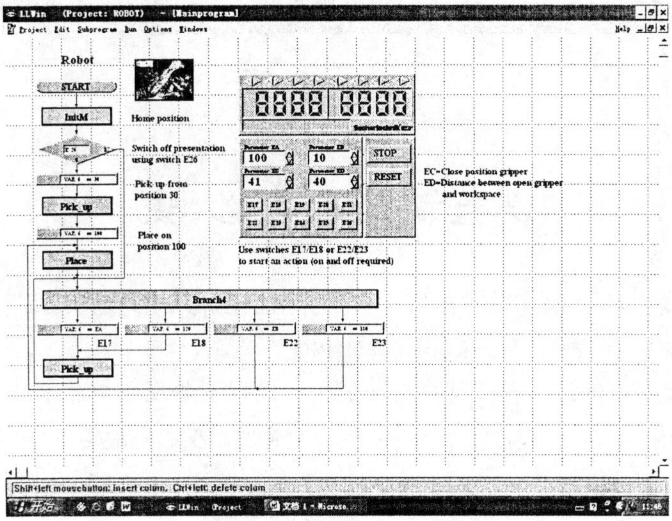

图 4－46　LLWin 软件界面

注：窗口中的程序包含有功能函数、子程序、注释和面板

LLWin软件是比ROBOPro更早期的版本，该软件能驱动并口接口板、智能接口板和ROBO接口板。在驱动ROBO接口板之前，需要按压ROBO接口板上“Port”按钮3秒以上，将其切换到智能接口板模式（此时图4-21中的指示灯7快速闪烁），同时将接口板与计算机的串口相连接，但该软件不能向ROBO接口板下载程序。

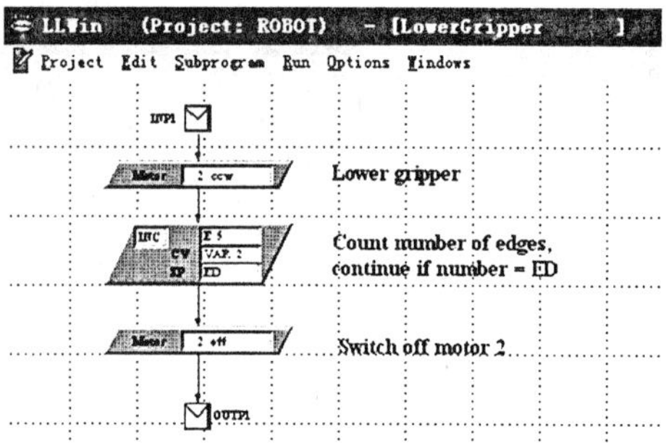

图4-47 LLWin软件的子程序

LLWin软件实际是慧鱼最早的控制程序“Lucky Logic”的Windows版本，它的使用方法和ROBOPro类似，但所能实现的功能比较有限，过程也比较烦琐。考虑到实验室使用的接口板大部分是ROBO接口板，因此除非要使用并口接口板或要将程序下载到智能接口板中执行，否则不推荐使用LLWin软件。

LLWin软件只能使用计算机的1个端口，如果计算机的多个端口（串口或并口）上都连接有接口板，必须指定并且只能驱动1个端口上的接口板。

三、使用高级语言编程控制

慧鱼公司提供的LLWin及ROBOPro软件，都是图形化的编程界面，仅满足于控制模型的运动，没有提供函数运算、图形绘制、多媒体播放、网络通信等其他功能。对于实验中可能需要实现的其他功能，必须使用高级语言来编写控制程序。

慧鱼公司及慧鱼模型爱好者编写了许多由各类高级语言编写的控制程序，使用这些资源，可以编写功能强大、界面美观的控制程序。目前它支持的高级语言有C、C++、C++Builder、Basic、VB、VC、VC++、Delphi、Java、Linux等。实验室提供了此类资源，可根据需要选用。

第五节 实验步骤

内容1～5为基本型必修实验，内容1～7为个性化研究提高型实验。

1. 观察工业培训模型“带输送带的冲床”

该模型是使用慧鱼创意组合模型拼装而成的，模拟工业现场中冲床和输送带相结合的实例。传动和检测功能由2个直流电动机、2个小型开关、5个光敏传感器组成（见图4-48）。

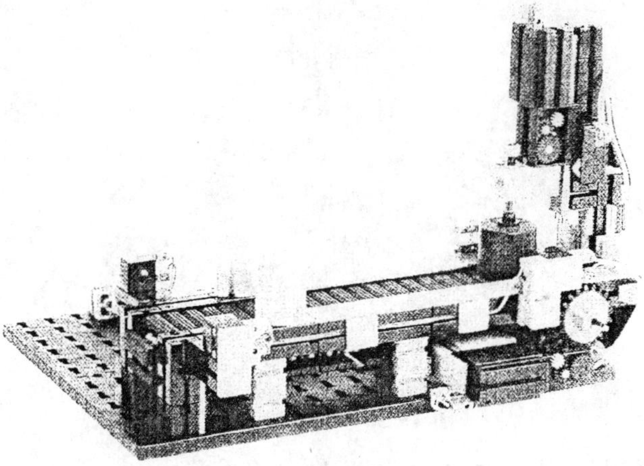

图 4－48　带输送带的冲床

2. 观察工业培训模型“三自由度机械手”

该模型是使用慧鱼创意组合模型拼装而成的，模拟工业现场中的三自由度机械手。传动和检测功能由 4 个直流电动机、8 个小型开关组成。机械手的活动范围为：围绕底座在 180°范围内旋转，以底座为中心在半径方向上前后移动 100 mm，高度上进行 160 mm 的升降（见图 4－49）。

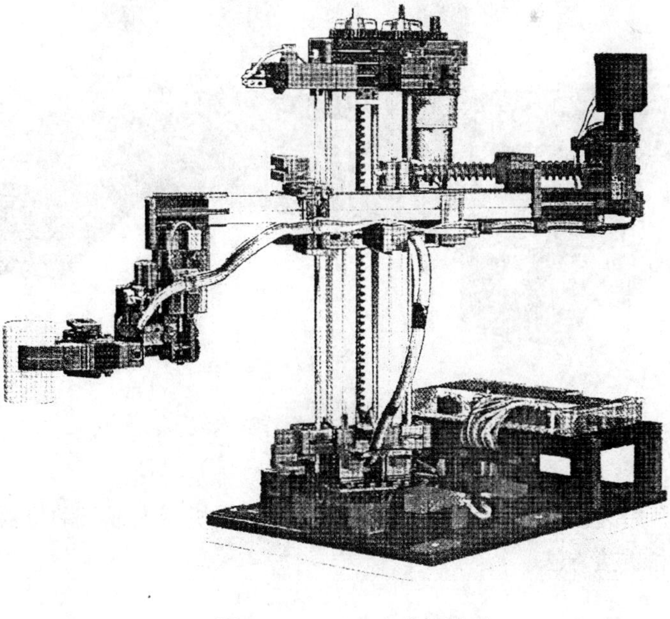

图 4－49　三自由度机械手

3. 观察工业培训模型“气动加工中心”

该模型是使用慧鱼创意组合模型拼装而成的，模拟工业现场中气动加工中心的实例。由 1 个料仓、1 个旋转工作台、1 条传送带、1 套空气压缩机、3 个气缸、2 个直流电动机、2 个光敏传感器、9 个小型开关组成（见图 4－50）。

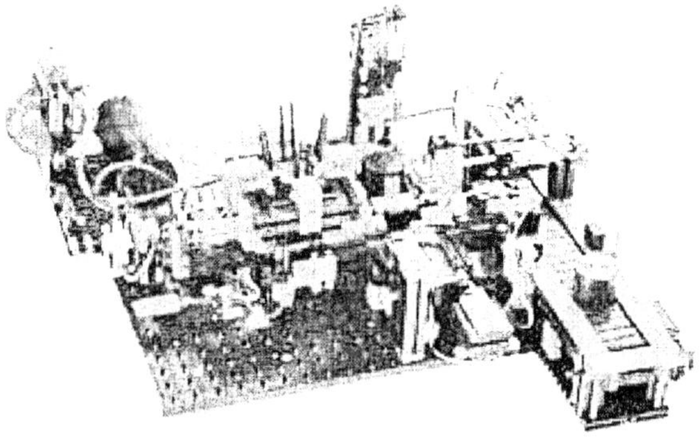

图 4-50 气动加工中心

4. 观察工业培训模型“双工作台操作流水线”

该模型是使用慧鱼创意组合模型拼装而成的，模拟工业现场中的加工流水线。工件从输送带一端放入，经过一系列加工过程后被送到成品区。该模型使用 12 个传感器、8 个电动机实现检测和控制功能（见图 4-51）。

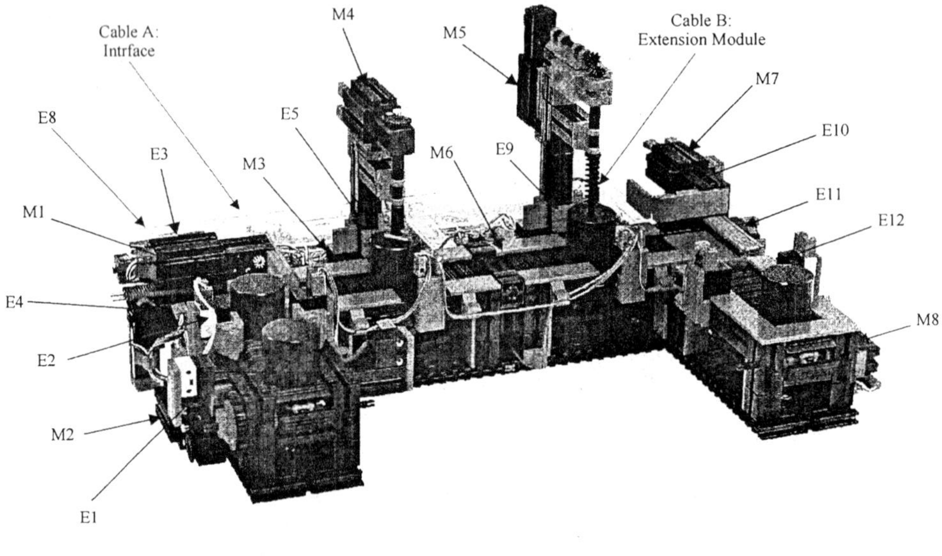

图 4-51 双工作台操作流水线

5. 按样例组装模型，熟悉拼接方法

根据个人兴趣，组装工业机器人、移动机器人、仿生机器人或气动机器人模型 1 个，熟悉慧鱼模型的零件和拼接方法。

6. 优化设计

对实验任务书提出的设计要求进行功能分析，确定并优化设计方案。

7. 使用慧鱼构件组装模型

8. 编写控制移序

使用 ROBOPro 软件（或 LLWin 软件、高级语言等）编写模型控制程序，实现任务书的设计要求。

第五章　机械设计结构展示、分析与研究实验

机械设计结构展示、分析与研究实验是分析机械结构的基本实验，它是了解机械发展历史、提高机械结构设计能力以及进行机械结构创新性设计的重要实践基础。

“机械设计结构展示、分析与研究实验”包括机械发展史、机械设计结构展示与分析、现代机械控制与分析3大基本模块，根据实验要求不同又分为感知（认知）型实验、基本型实验和研究创新型实验3种类型。

实验1　机械发展史展示实验（感知型）

一、实验目的

（1）了解机械发展历史，加深与扩展理论教学内容。

（2）了解机械发展的一些基本原理和规律，增强创新意识。

二、实验内容

（1）了解我国古代机械发展的历史。

（2）了解中世纪主要工业国家的机械发展历史。

（3）了解现代机械的发展情况。

三、实验装置

实验装置采用西南交通大学机械基础实验教学示范中心机械展示厅陈列的机械发展史陈列柜及KHR－1人形机器人、TVT－99C立体仓库模型、TVT－99D机械手模型等现代机械装置。

四、实验步骤与方法

（1）点击进入“西南交通大学机械基础实验教学示范中心”网站，网上预习“机械发展史展示实验”课件。

（2）认真观察机械发展史陈列柜的各部分内容，聆听内容解说。

（3）认真观察KHR－1人形机器人、TVT－99C立体仓库模型、TVT－99D机械手模

型等现代机械装置的运动与工作过程。

(4) 根据实验要求，完成实验报告。

思考题

1. 简述中华民族在古代机械发展历史中的地位与贡献。
2. 简述机械发展的历史。
3. 简述机械工业在国民经济中的地位及我国机械工业的现状。
4. 总结由学习机械发展历史给你带来的思考。

实验2 机械设计结构展示与分析实验（基本型）

一、实验目的

(1) 了解常用联接件、轴系零部件的类型和结构，掌握其特点与应用。

(2) 了解常用机械传动的类型、工作原理、组成结构及失效形式。

(3) 了解常用润滑剂及密封装置的类型、工作原理和组成结构。

(4) 观察了解机械零部件的工作原理，加深与扩展理论教学内容。

(5) 观察了解机械零件的失效形式，掌握机械设计的基本准则。

二、实验内容与要求

1. 常用联接件、轴系零部件

(1) 了解螺纹联接、键联接、花键联接、销联接的常用类型、结构形式、工作原理、受力情况、装配方式、防松原理及方法、失效形式及应用场合等。

(2) 了解轴、轴承、联轴器与离合器等轴系零部件的类型、结构特点、工作原理、装配型式、常用材料、失效形式及应用场合等。

2. 机械传动

(1) 了解各种带传动的类型、结构特点、工作原理、运动特性、张紧方法及失效形式等。

(2) 了解齿轮传动的类型、常用材料、加工原理、结构形式、工作原理、受力分析及失效形式等。

(3) 了解蜗杆传动的类型、常用材料、结构形式、工作原理、受力分析、自锁现象及失效形式等。

(4) 了解链传动的类型、结构形式、工作原理、运动特性及失效形式等。

(5) 了解螺旋传动的类型、结构形式、工作原理、运动特性及失效形式等。

(6) 了解摩擦轮传动的类型、结构形式、工作原理、运动特性及失效形式等。

3. 润滑剂及密封装置

(1) 了解润滑剂的类型、功用、性能参数及应用场合等。

（2）了解润滑装置的类型、功用及应用场合等。

三、实验装置

实验装置采用西南交通大学机械基础实验教学示范中心机械展示厅陈列的机械设计陈列柜及实验示范中心配备的各种零部件、机械装置、现代机械产品：① 联接件；② 轴；③ 滚动轴承；④ 滑动轴承；⑤ 润滑与密封；⑥ 联轴器与离合器；⑦ 带传动；⑧ 齿轮传动；⑨ 蜗杆传动；⑩ 链传动；⑪ 螺旋传动；⑫ 现代机械等。

四、实验原理

1. 常用联接件、轴系零部件

（1）联接及联接件。

机械是由各种不同的零件按一定的方式联接而成的。根据使用、结构、制造、装配、维修和运输等方面的要求，组成机器的各零件之间采用了各种不同的联接方式。

机械联接按照机械工作时被联接件间的运动关系，分为动联接和静联接两大类。被联接件间能按一定运动形式作相对运动的联接称为动联接，如花键、螺旋传动等；被联接件间相互固定、不能作相对运动的联接称为静联接，如螺纹联接、普通平键联接等。

按照联接件拆开的情况不同，联接分为可拆联接和不可拆联接。允许多次装拆无损于使用性能的联接称为可拆联接，如螺纹联接、键联接和销联接等；必须破坏联接中的某一部分才能拆开的联接称为不可拆联接，如焊接、铆接和粘接等。

按照传递载荷的工作原理不同，联接又可分为力闭合（摩擦）、形闭合（非摩擦）和材料锁合的联接形式。力闭合（摩擦）联接靠联接中配合面间的作用力（摩擦力）来传递载荷，如受拉螺栓、过盈联接等；形闭合（非摩擦）联接通过联接中零件的几何形状的相互嵌合来传递载荷，如平键联接等；材料锁合联接利用附加材料分子间作用来传递载荷，如粘接、焊接等。

① 螺纹联接。

螺纹联接是利用螺纹零件构成的一种应用极为广泛的可拆联接。

根据螺纹牙的形状，螺纹可分为矩形、梯形、三角形和锯齿形等。

根据螺旋线的绕行方向，螺纹可分为左旋螺纹和右旋螺纹两种。在机械中一般采用右旋螺纹。

根据螺旋线的数目，螺纹又可分为单线螺纹和多线螺纹。单线螺纹常用于联接，多线螺纹常用于传动。

根据螺纹分布的位置，螺纹可分为外螺纹和内螺纹。内、外螺纹旋合组成的运动副称为螺纹（螺旋）副。

螺纹（螺旋）副的效率为：

$$\eta = \frac{\tan\lambda}{\tan(\lambda + \rho_v)} \tag{5-1}$$

式中，λ 为螺纹的升角；ρ_v 为当量摩擦角。

螺纹（螺旋）副的自锁条件为：

$$\lambda \leqslant \rho_v \tag{5-2}$$

螺纹联接件多为标准件，常用的有螺栓、双头螺柱、螺钉和紧定螺钉等。

螺纹联接的防松措施按防松原理分为摩擦防松、机械防松、粘合防松和破坏螺纹副关系防松等方式。

② 键联接。

键联接由键、轴与轮毂所组成，主要用来实现轴与轴上零件（如齿轮、联轴器等）之间的周向固定，以传递转矩；其中，有些键联接还能实现轴向固定以传递轴向载荷；有些则能构成轴向动联接。

键联接是标准件，其主要类型有：平键、半圆键、楔键和切向键等几大类。

③ 花键联接。

花键联接是由周向均布多个键齿的花键轴和具有相应键齿槽的轮毂孔相配合而组成的可拆联接。花键联接为多齿工作，工作面为齿侧面，其承载能力高，对中性和导向性能好，对轴和毂的强度削弱小，适用于载荷较大、对中性要求较高的静联接和动联接。

花键联接按其齿的形状不同，常用的有矩形花键和渐开线花键两种。两者均已标准化。

④ 销联接。

销联接主要用作装配定位，也可用作联接（传递不大的载荷）、防松以及安全装置中的过载剪断元件。

常用的销联接类型有：圆柱销、圆锥销、销轴、带孔销、开口销和安全销等，其均已标准化。

（2）轴系零部件。

① 轴。

轴主要用于支承做回转运动的零件，传递运动和动力，同时又受轴承支承，是机械中必不可少的重要零件。

根据所受的载荷的不同，轴可分为转轴（同时承受弯矩和转矩）、心轴（只承受弯曲，不传递转矩）和传动轴（主要承受转矩，不承受或只承受较小弯矩）3 类。

根据轴线形状的不同，轴还可分为直轴、曲轴和软轴。直轴应用最广，它包括外径相同的光轴和各段直径变化的阶梯轴。

② 轴承。

轴承是支承轴颈的部件，有时也用来支承轴上的回转零件。根据轴承工作时的摩擦性质，轴承可分为滑动轴承和滚动轴承两类。

➢ 滑动轴承

滑动轴承工作时的摩擦性质为滑动摩擦，组成其摩擦副的运动形式为相对滑动，因此摩擦、磨损就成为滑动轴承中的主要问题。为了减小摩擦、减轻磨损，通常应采用润滑手段。根据润滑情况，滑动轴承分为完全润滑（液体摩擦）轴承和非完全润滑（非液体摩擦）轴承两大类。滑动轴承的结构主要有整体式、剖分式和调位式等。

轴瓦是滑动轴承中直接与轴颈接触的零件，其工作表面既是承载面又是摩擦面，是滑动轴承的核心零件。轴承衬是为改善轴瓦表面的摩擦性质和节省贵金属而在其内表面上浇注的减摩材料。

轴瓦的主要失效形式是磨损和胶合，此外还有疲劳破坏、腐蚀等。

轴瓦和轴承衬的材料统称为轴承材料。常用的轴承材料为：轴承合金（巴氏合金）、青铜、多孔质金属、铸铁、塑料等。

➢ 滚动轴承

滚动轴承工作时的摩擦性质为滚动摩擦，具有摩擦阻力较小、启动灵活、效率高、组合简单、运转精度较高、润滑和密封方便、易于互换、使用及维护方便等优点，在中速、中载和在一般工作条件下运转的机械中应用广泛。

滚动轴承是标准件，其通常由外圈、内圈、滚动体和保持架构成。滚动体是滚动轴承的核心元件，其主要类型有球、圆柱滚子、圆锥滚子、球面滚子和滚针等。

滚动轴承的主要失效形式是点蚀、塑性变形和磨损，此外还有电腐蚀、锈蚀、元件破裂等。

③ 联轴器与离合器。

➢ 联轴器

联轴器是联接两轴使之一起回转并传递转矩的部件，其特点是只有在机器停机后用拆卸的方法才能实现两轴分离。

联轴器的类型较多，部分已标准化。联轴器按内部是否包含弹性元件可分为刚性联轴器和弹性联轴器；按被联接两轴的相对位置及其变动情况又可分为固定式联轴器和可移式联轴器。

常用的刚性固定式联轴器有凸缘联轴器、套筒联轴器、夹壳联轴器等；常用的刚性可移式联轴器有牙嵌联轴器、齿式联轴器、滚子链联轴器、滑块联轴器和万向联轴器等。

常用的弹性联轴器有弹性套柱销联轴器、弹性柱销联轴器、弹性柱销齿式联轴器、梅花形弹性联轴器、轮胎式联轴器、蛇形弹簧联轴器、簧片联轴器和弹簧联轴器等。

➢ 离合器

离合器是实现两轴的联接并传递运动及转矩的部件，其特点是在机器运转中可根据需要随时将两轴分离或结合。

离合器的类型较多，根据离合方法不同可分为操纵离合器和自动离合器两大类；根据操纵方法不同又分为机械操纵离合器和液压操纵离合器、气压操纵离合器和电磁操纵离合器；根据离合件的工作原理分为嵌合式离合器和摩擦式离合器。

常用的操纵离合器有牙嵌式离合器、齿式离合器、销式离合器、圆盘摩擦离合器、圆锥摩擦离合器和磁粉离合器等。

常用的自动离合器有安全离合器、离心离合器以及超越离合器等。

2. 机械传动

传动装置作为将动力机的运动和动力，传递或变换到工作机的中间环节，是大多数机器不可缺少的主要组成部分。

常用的机械传动类型有带传动、齿轮传动、蜗杆传动、链传动、螺旋传动和摩擦轮传动等。

(1) 带传动。

带传动是在两个或多个带轮间用带作为挠性拉曳元件的传动，工作时借助带与带轮间的摩擦力或啮合来传递运动或动力。带传动一般由主动带轮、从动带轮和传动带轮组成。

根据工作原理不同，带传动可分为摩擦带传动和啮合带传动。

根据带的截面形状不同，摩擦带传动可分为平带传动、V带传动、圆带传动和多楔带传动等。

平带传动结构简单，传动效率较高，带轮也容易制造，在传动中心距较大的场合应用较多；V带传动是应用最广的带传动，在同样的张紧力下，V带传动较平带传动能产生更大的摩擦力；圆带传动的牵引能力较小，常用于仪器及低速、轻载、小功率的机器中；多楔带传动兼有平带和V带传动的优点，工作接触面数多、摩擦力大、柔韧性好，用于结构紧凑而传递功率较大的场合。

摩擦带传动具有结构简单、运转平稳、无冲击和噪声、缓冲吸振、过载保护、不能保持准确的传动比（存在弹性滑动）、效率较低、压轴力较大、制造安装方便、成本低、适于远距离传动等特点。

摩擦带传动的主要失效形式是带的磨损、疲劳破坏和打滑。

啮合带传动依靠带的凸齿与带轮外缘上齿槽的啮合，传递运动和动力。同步带传动属于啮合带传动。同步带传动有梯形齿和圆弧齿两类，其兼有带传动和齿轮传动的优点，传动效率高、吸振、传动比准确，在汽车、机电工业中广泛应用。

（2）齿轮传动。

齿轮传动是靠主动轮与从动轮轮齿之间的相互啮合来传动的，具有适用范围广、瞬时传动比准确、结构紧凑、传动效率高、可传递任意两轴间的运动和动力、工作可靠、寿命长、制造费用较高、不适于中心距大的场合等特点，是机械传动中应用最广泛的一种传动形式。

齿轮传动分类如表5-1所示。

表5-1 齿轮传动分类

按两轴线位置分	平行轴齿轮传动、相交轴齿轮传动、交错轴齿轮传动
按工作条件分	开式传动、半开式传动、闭式传动
按齿面硬度分	软齿面：HBS ≤350；硬齿面：HBS >350
按齿线相对轴线的方向分	直齿、斜齿、曲齿、人字齿
按轮齿齿廓曲线形状分	渐开线齿轮、摆线齿轮、圆弧齿轮
按轮齿的分布位置分	外啮合齿轮、内啮合齿轮
按轮齿分布的曲面分	圆柱齿轮、锥齿轮

用于平行轴的齿轮传动类型有：外啮合直齿圆柱齿轮传动、外啮合斜齿圆柱齿轮传动、外啮合人字齿圆柱齿轮传动、齿轮齿条传动、内啮合圆柱齿轮传动。

用于相交轴的齿轮传动类型有：直齿锥齿轮传动、斜齿锥齿轮传动、曲齿锥齿轮传动。

用于交错轴的齿轮传动类型有：交错轴斜齿轮传动、准双曲面齿轮传动。

齿轮传动的失效形式：轮齿折断、齿面接触疲劳磨损（齿面点蚀）、齿面胶合、齿面磨粒磨损、齿面塑性流动等。

齿轮的常用材料及其热处理方式：制造齿轮最常用的材料是钢（锻钢、铸钢等），钢的品种很多，且可通过各种热处理方式获得适合工作要求的综合性能。其次是铸铁、有色金属及非金属材料（塑料、尼龙等）；常用的热处理方法有整体淬火、表面淬火、渗碳淬火、氮化处理及正火和调质等。

(3) 蜗杆传动。

蜗杆传动用于传递交错轴之间的运动和动力，通常两轴在空间是相互垂直的。传动中一般常以蜗杆为主动件。蜗杆传动具有结构紧凑、重量轻、噪音小、工作平稳（兼有斜齿轮与螺旋传动的优点）、冲击振动小、传动比大且准确、可以实现自锁、滑动速度较大、效率较低、制造成本较高、加工较困难等特点，广泛应用在机床、汽车、仪器、起重运输机械、冶金机械以及其他机械制造部门中。

根据蜗杆形状不同，蜗杆传动可分为圆柱蜗杆传动、环面蜗杆传动和锥蜗杆传动 3 类。圆柱蜗杆又可分为阿基米德蜗杆（ZA 型）、渐开线蜗杆（ZI 型）、法向直廓蜗杆（ZN 型）等多种类型。

蜗杆传动的失效形式：齿面接触疲劳磨损（齿面点蚀）、齿面胶合、齿面磨粒磨损、轮齿折断等。在一般情况下蜗轮的强度较弱，失效主要发生在蜗轮上。又由于蜗杆与蜗轮之间的相对滑动速度较大，更容易产生胶合和磨损。

蜗杆传动的常用材料及其热处理方式：制造蜗杆的常用材料为碳钢和合金钢，热处理方式首选淬火或调质（缺少磨削设备时）。制造蜗轮（齿冠部分）的常用材料为铸锡青铜、铸铝青铜、铸铝黄铜及灰铸铁和球墨铸铁等。

(4) 链传动。

链传动是在两个或多个链轮之间用链条作为挠性拉曳元件的一种啮合传动，工作时靠链条与链轮齿的啮合来传递运动或动力。链传动一般由主动链轮、从动链轮和传动链组成。链传动具有工作可靠、传动效率高、适于远距离传动、运动平稳性较差（多边形效应）、振动和噪音较大等特点，广泛应用于农业、采矿、冶金、起重、运输、化工以及其他机械的动力传动中。

根据工作性质不同，链可分为传动链、起重链和曳引链 3 种。传动链按结构不同分为滚子链、套筒链、齿形链、成型链等类型，主要用作一般机械传动；起重链和曳引链分别主要用于起重机械和运输机械。

链传动的主要失效形式是链条元件的疲劳破坏、铰链磨损、胶合、冲击破坏、过载拉断和链轮轮齿磨损等。

(5) 螺旋传动。

螺旋传动主要用来实现变回转运动为直线运动，同时传递能量或力，也可用以调整零件的相互位置。螺旋传动由螺杆（或称螺旋）、螺母和机架组成。

螺旋传动按螺纹副的摩擦情况分为滑动螺旋、滚动螺旋和静压螺旋；按其用途分为传力螺旋传动、传导螺旋传动和调整螺旋传动 3 种类型。传力螺旋传动以传递力为主，可用较小的力矩转动产生轴向运动和大的轴向力；传导螺旋传动以传递运动为主，要求有较高的传动精度，可在较长时间内连续、高速工作；调整螺旋传动主要用于调整或固定零部件间的相对位置，一般不经常转动。

(6) 摩擦轮传动。

摩擦轮传动是由两个或多个相互压紧的摩擦轮组成的一种摩擦传动，工作时靠摩擦轮接触面间的摩擦力来传递运动或动力。摩擦轮传动一般由主动摩擦轮、从动摩擦轮和机架组成。

摩擦轮传动按照摩擦轮形状不同分为圆柱摩擦轮传动、圆锥摩擦轮传动和平盘摩擦轮传动。圆柱摩擦轮传动又有圆柱平摩擦轮传动和圆柱槽摩擦轮传动之分。

摩擦轮传动具有制造简单、运转平稳、无冲击和噪声、能无级变速及过载保护、不能保持准确的传动比（存在弹性滑动、几何滑动）、效率较低、压轴力较大、必须采用压紧装置等特点。

3．润滑剂及密封装置

（1）润滑剂。

润滑剂的主要作用是降低摩擦、减小磨损、提高效率、延长机件的使用寿命，同时还起到冷却、缓冲、吸振、防尘、防锈、排污等作用。机械中常用的润滑剂主要有润滑油、润滑脂和固体润滑剂。

① 润滑油。

目前工业常用的润滑油为矿物润滑油和合成润滑油。矿物润滑油是由多种烃类的混合物加入添加剂组成的，其原料充足、成本低廉、性能稳定，应用广泛；合成润滑油是由具有特定分子结构的单体聚合后加入添加剂配成的，其具有突出的特性，如耐氧化性、耐高低温、抗燃等，但价格昂贵，在航空工业中应用较多。

润滑油的主要性能指标是：粘度、粘度指数、粘压特性、极压性能、抗氧化安定性、闪点、凝固点、倾点等，其中粘度是最重要的质量指标，是衡量润滑油粘性的指标，也是大多数润滑油牌号区分的标志。

② 润滑脂。

润滑脂是由润滑油、稠化剂和添加剂等制成的一种凝胶状分散体系，是一种半固体润滑材料。使用润滑脂最大优越性是不需要经常更换，其稠度大、粘附性好、受温度影响小、承载力较强，但其流动性差、启动阻力大、不能循环使用。

润滑脂的主要性能指标是：锥入度、滴点、氧化安定性等，其中锥入度是最重要的性能指标，它表示润滑脂内的阻力大小和流动性的强弱。

③ 固体润滑剂。

固体润滑剂是在两摩擦表面间用固体粉末、薄膜或固体复合材料等代替润滑油或润滑脂，以达到减少摩擦与磨损的目的，其特点为：使用温度高、承载能力强、边界润滑优异、耐化学腐蚀性好，但导热散热性差、摩擦系数大。

固体润滑剂的材料有无机化合物（石墨、二硫化钼等）、有机化合物（聚四氟乙烯、酚醛树脂等）和金属（Pb、Sn、Zn 等）以及金属化合物。

（2）密封装置。

密封装置是机器和设备的重要组成部分。其主要目的是防止润滑剂的泄漏以及防止灰尘、水分及其他杂物浸入机器和设备内部。

密封的分类方法较多，按密封流体状态分类有气体密封、液体密封；按设备种类分类有压缩机密封、泵用密封、釜用密封；按密封面的运动状态分类有静密封和动密封，动密封件又可分为接触式和非接触式密封等。

五、实验步骤与方法

（1）点击进入“西南交通大学机械基础实验教学示范中心”网站，网上预习“机械设计结构展示与分析实验”课件。

（2）认真观察西南交通大学机械展示厅陈列的机械设计陈列柜及实验示范中心配备的各种零部件、机械装置、现代机械产品等，聆听内容解说、观看工作过程。

（3）认真观察 KHR－1 人形机器人、TVT－99C 立体仓库模型、TVT－99D 机械手模型等现代机械装置的运动、工作过程。

（4）根据实验要求，完成实验报告。

思考题

1．常用机械联接的基本类型有哪些？各适用于什么场合？

2．螺纹联接防松的意义与基本原理是什么？常用防松装置的原理有哪些？

3．轴的作用是什么？转轴、心轴、传动轴有什么区别？

4．轴承的基本功用及类型有哪些？各有何特点？

5．联轴器与离合器的功用是什么？基本类型有哪些？

6．简述带传动的基本组成与分类方式？

7．齿轮传动有哪些类型？各有何特点？齿轮传动的主要失效形式有哪些？

8．蜗杆传动的主要类型有哪些？与齿轮传动相比，蜗杆传动有何特点？

9．链传动的工作原理是什么？其特点和应用场合怎样？

10．螺旋传动有哪些特点？

11．摩擦轮传动的工作原理是什么？主要有哪些特点？

12．润滑剂的基本功用是什么？机械中常用的润滑剂主要有哪几种？

13．密封装置的基本功用和类型有哪些？

实验3　现代机械装置的研究与开发（研究创新型）

一、实验目的

（1）了解并掌握 PLC 控制的基本原理、步进电机及驱动模块、直流电机、传感器、开关电源等器件的原理及使用。

（2）了解并掌握计算机监控软件，掌握计算机上位监控技术。

（3）了解并掌握位置控制技术、气动技术、检测技术、局域网络技术等。

二、实验内容

（1）TVT－99C 立体仓库模型的研究与开发。

（2）TVT－99D 机械手模型的研究与开发。

（3）KHR－1 人形机器人的研究与开发。

三、实验装置

实验装置采用 TVT－99C 立体仓库模型、TVT－99D 机械手模型、KHR－1 人形机器人等现代机械装置。

四、实验要求

（1）利用西南交通大学机械基础实验教学示范中心提供的相关实验设备，并根据实验项目要求，提出科学、详细可行的实验研究与开发方案（包括实验目的、内容、原理和方法、所需实验仪器与设备等）。

（2）根据实验项目要求，进行相关现代机械装置的研究。

（3）根据实验项目要求，编制、开发相关现代机械装置的控制程序，实现预期的动作和运动，完成实验操作与实验报告。

（4）撰写实验研究论文。

五、实验注意事项

（1）增强创新意识与工程实践能力，树立严肃认真、一丝不苟的工作精神，养成实验时的正确方法和良好习惯，维护国家财产。

（2）严格遵守实验室的规章制度，注意保持实验室的环境整洁。

（3）实验时应严格遵守设备与仪器的操作规程，注意人身安全。

（4）实验结束后应整理全部的仪器、装置及附件，并恢复原位。

（5）认真撰写实验研究论文。

六、实验步骤与方法

根据实验项目内容、实验装置等，自行制订实验研究与开发的方案和操作步骤（实验操作前，应认真阅读相关设备的使用说明书，并制订出实验操作规程，在教师的指导下进行实验操作，确保人身及设备安全）。

七、撰写实验研究论文

实验研究论文工作应在教师指导下，结合参阅相关文献资料，结合实验研究与开发的方案独立撰写。实验研究论文主要包括如下内容：

（1）实验项目的内容、原理和方法（包括实验方案的设计、实验装置组装及操作等）。

（2）实验项目的理论分析与研究。

（3）实验项目的结果分析与研究。

（4）实验项目控制程序的拓展开发。

思 考 题

1．实验装置的驱动装置类型及特点？

2．实验装置的机械结构组成及特点？

3．实验装置的控制技术及特点？

附录　实验报告

机械传动性能参数测试与分析实验报告

实验1　单级机械传动装置性能参数测试实验（基本型）

班　级		姓　名		学　号		日 期	
指导教师						成 绩	

一、摩擦传动性能参数测试实验

1. 实验目的

2. 实验原理

3. 实验装置结构简图

4. 实验装置原始数据

V 带：规格型号______________________

带轮直径：D_1 = ________mm；　　D_2 = ________mm

电动机：型号________；额定功率________kW；同步转速 n_d = ________r/min

转矩转速传感器：

输入端：型号________；额定转矩________N·m；转速范围____________r/min

输出端：型号________；额定转矩________N·m；转速范围____________r/min

磁粉制动（加载）器：型号________；额定转矩________N·m；

允许滑差功率______kW

5. 测定 V 带传动效率及滑动率时选择的工况参数

电动机转速 n_1 = ________r/min

加载（负载）范围：________～________kW

实验数据采集方式：________采样

6. 实验步骤

7. 实验结果分析

(1) V 带传动实验结果分析（将实验曲线打印结果附于实验报告后）。

(2) 通过实验，观察、描述带传动的弹性滑动及打滑现象。

8．思考题

（1）影响带传动的弹性滑动与传动能力的因素有哪些？对传动有何影响？

（2）带传动的弹性滑动现象与打滑有何区别？它们产生的原因是什么？当 $D_1 = D_2$时打滑发生在哪个带轮上并试分析原因？

二、啮合传动性能参数测试实验

1. 实验目的

2. 实验原理

3. 实验装置结构简图

4. 实验装置原始数据

齿轮减速器：类型________；齿数：$Z_1=$________、$Z_2=$________；减速比______；

中心距 $a=$________mm

蜗杆减速器：蜗杆类型______；蜗杆头数 $Z_1=$______；蜗轮齿数 $Z_2=$________；

减速比________；中心距 a =________mm

链传动：链号______；链节距 $p=$______mm，链轮齿数：$Z_1=$______、$Z_2=$______

5. 测定啮合传动效率时选择的工况参数

(1) 齿轮传动实验。

电动机转速 $n_1=$____________r/min

加载（负载）范围：________～________kW

实验数据采集方式：________采样

(2) 蜗杆传动实验。

电动机转速 $n_1=$____________r/min

加载（负载）范围：________～________kW

实验数据采集方式：________采样

(3) 链传动实验。

电动机转速 $n_1=$____________r/min

加载（负载）范围：________～________kW

实验数据采集方式：________采样

6. 实验步骤。

7. 实验结果分析

(1) 齿轮传动实验结果分析（将实验曲线打印结果附于实验报告后）。

（2）蜗杆传动实验结果分析（将实验曲线打印结果附于实验报告后）。

（3）链传动实验结果分析（将实验曲线打印结果附于实验报告后）。

（4）通过实验，观察、描述链传动的运动特性。

8. 思考题

(1) 啮合传动装置的效率与哪些因素有关？为什么？

(2) 啮合传动中各种传动类型各有什么特点？其应用范围如何？

(3) 通过实验，比较带传动与链传动的主要特点及应用范围。

(4) 通过实验，讨论摩擦传动与啮合传动的主要特性如何？

附：粘贴打印的实验曲线图及实验测试数据

机械传动性能参数测试与分析实验报告

实验 2　机械传动系统性能参数测试与分析实验（综合设计型）

班　级		姓　名		学　号		日 期	
指导教师						成 绩	

实验项目名称：

1．实验目的

2．实验原理

3．自主设计的实验装置的系统图

4．实验所需的仪器与设备

5．自主设计及组装的实验装置结构简图

6．实验操作规程与步骤

7. 实验测试时选择的工况参数及实验装置原始数据

8. 实验结果分析（将实验曲线打印结果附于实验报告后）

9. 思考题

(1) 实验装置组装时各模块间是如何联接的？它们的相对几何位置是如何调整的？

(2) 实验装置采用的是什么类型的传动？有什么特点？

（3）实验装置采用的是什么类型的加载方式？其特点如何？

（4）实验装置中采用了哪些测试仪器？其工作原理及特点如何？

（5）分析实验装置在实验测试中测得的传动效率值的真实含义。

（6）影响多级机械传动系统效率的因素有哪些？当机械传动系统已定时，系统效率应是常数还是变数？为什么？

附：粘贴打印的实验曲线图及实验测试数据

机械传动性能参数测试与分析实验报告

实验3 机械传动系统性能及方案比较与研究（研究创新型）

班　级		姓　名		学　号		日期	
指导教师						成绩	

实验项目名称：

1. 实验目的

2. 实验原理

3. 实验装置的系统图

4. 实验所需的仪器与设备

5. 实验装置的结构简图

6. 实验测试时选择的工况参数及实验装置的原始数据

7. 实验操作规程与步骤

8. 实验结果分析

9. 思考题

(1) 通过实验结果，分析研究负载、转速、传动比、润滑、油温、张紧力等对传动性能的影响。

(2) 多级机械传动系统方案的选择应考虑哪些问题？一般情况下宜采用何种方案？

(3) 一般情况下，在由带传动、链传动等组成的多级机械传动系统中，带传动、链传动在传动系统中应如何布置，为什么？

10. 撰写实验研究论文（可自行加页）。

滑动轴承实验报告

实验1 滑动轴承基本性能实验（基本型）

班 级		姓 名		学 号		日期	
指导教师						成绩	

1. 实验目的

2. 实验原理

3. 实验装置结构简图

4. 实验步骤

5. 实验装置原始数据

轴颈直径 $d=$____________mm

轴承有效宽度 $B=$____________mm

轴承相对间隙 $\psi=$____________

驱动电机类型 ________；功率________kW；额定转速 $n_d=$________r/min

压力变送器类型 ________；量程____________MPa

测力杆力臂长度 $L=$____________mm

拉力传感器类型 ________；量程____________kg

实验油品____________

6. 测定油膜压力分布时选择的工况参数

轴颈转速 $n=$____________r/min

静压加载油腔油压 $p_0=$____________MPa

轴承循环润滑系统油压 $p_L=$____________MPa

7. 实验数据记录

(1) 润滑油工作温度 $t=$________℃。

(2) 测得轴瓦圆周上均布的1～7点的周向油膜压力数值。

p_1	MPa
p_2	MPa
p_3	MPa
p_4	MPa
p_5	MPa
p_6	MPa
p_7	MPa

(3) 测得第8点轴瓦上轴向油膜压力 $p_8=$________MPa。

8. 据测得的 p_1、p_2、…、p_8，绘制油膜压力分布曲线，完成下列要求

(1) 绘制周向油膜压力分布曲线。

按一定比例在附图 1 中从圆周上开始沿径向延长线方向截取第 7 题表中的油膜压力值，得点1′~7′，将各点连成一光滑曲线，即为周向油膜压力分布曲线。

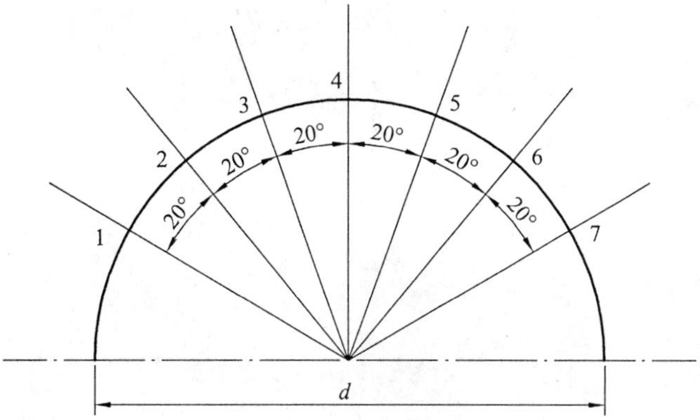

附图 1　周向油膜压力分布图

(2) 绘制轴向油膜压力分布曲线。

根据位置 4 和位置 8 处的油膜压力大小按一定比例在附图 2 上相应位置上描点，得 4′、8′点，并将点 0、4′、8′、0 连成一光滑曲线，即为轴向油膜压力分布曲线。

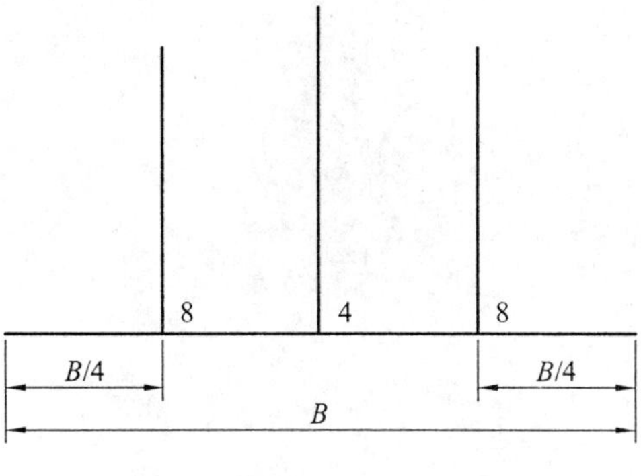

附图 2　轴向油膜压力分布图

9. 求动压滑动轴承端泄影响系数 k

(1) 根据实测的周向油膜压力分布图，在方格纸上绘制其承载量分布曲线。按数方格数方法，求出油膜平均压力 p_m。

方格纸粘贴位置

（2）按端泄影响系数 $K=\frac{F}{p_{m}Bd}$，计算 K 值。

式中，$B=6\,cm$；$d=6\,cm$；$F=9.81\,(p_0A+G_0)\,N$，其中 $G_0=7.5\,kgf$，$A=60\,cm^2$，p_0 为油腔供油压力，kgf/cm^2。

10. 思考题

(1) 哪些因素影响液体动压轴承的承载能力及其动压油膜的形成?

(2) 当载荷增加或转速升高时，油膜压力分布曲线有些什么变化?

(3) 轴向压力分布曲线与轴承宽径比 B/d 之间有什么关系? 当 $B/d \geqslant 4$ 及 $B/d \leqslant 1/4$两种情况下，它们的轴向油膜压力分布有何明显差异? 在求解流体动力润滑雷诺方程的简化方程时又有何不同?

滑动轴承实验报告

实验 2　滑动轴承摩擦状态实验（综合设计型）

班　级		姓　名		学　号		日 期	
指导教师						成 绩	

1. 实验目的

2. 实验原理

3. 实验操作步骤

4. 实验数据记录

n (r/min)	p_0 (MPa)		
	F_c	f	λ
600			
500			
400			
300			
200			
100			
50			
20			
10			
5			

5. 根据实测结果，在方格纸上绘制轴承的 $f-\lambda$ 曲线后贴于本页，并将计算机提供的实验结果打印出来附于报告后

(方格纸粘贴位置)

6. 思考题

(1) $f-n$ 曲线与 $f-\lambda$ 曲线有何不同?

(2) 根据 $f-\lambda$ 曲线阐述轴承摩擦状态是如何转化的?摩擦因素变化的规律怎样?不同摩擦状态下摩擦因数大致变动范围如何?

(3) 润滑油温度对润滑油特性有何影响？粘温曲线如何绘制？

(4) 若试验用油为L－AN32，试根据本教程中图2－14所示的粘温特性曲线，导出 $\nu=10^{10^{A+B\lg T}}-0.6$ 方程中 A 与 B 的值，并计算 $t=40$ ℃时该油的动力粘度 η 值（Pa·s）。

滑动轴承实验报告

实验3　多参数偶合下滑动轴承性能特性研究（研究创新型）

班　级		姓　名		学　号		日期	
指导教师						成绩	

1. 实验目的

2. 实验原理

3. 实验步骤

4. 实验数据

转速 (r/min)	第一次加载 $p_0=0.08$ (MPa)		第二次加载 $p_0=0.10$ (MPa)		第三次加载 $p_0=0.12$ (MPa)	
	f	λ	f	λ	f	λ
600						
500						
400						
300						
200						
100						
50						
20						
10						

5. 根据实测结果，在方格纸上绘制 $p-f-\lambda$ 曲线后贴于本页，并将计算机提供的实验报告打印，附于报告后

（方格纸粘贴位置）

6．思考题

（1）$p-f-n$ 曲线与 $f-\lambda$ 曲线有何不同？改变载荷重复实验时，$f-\lambda$ 曲线有无变化？

（2）随轴承平均压力 p 的增加，在边界摩擦区、混合摩擦区及液体摩擦区的摩擦因数是如何变化的？

7. 撰写研究创新型实验研究论文

按本教程提供的参考提纲撰写，在实验报告后自行加页。

机械零部件结构分析与轴系结构创意组合设计实验报告

实验1　机械零部件结构分析实验（基本型）

班　级		姓　名		学　号		日期	
指导教师						成绩	

1. 实验目的

2. 减速器传动简图

3. 减速器箱体类型及主要结构特点

	结构特征
齿轮类型	
轴承类型	
齿轮润滑方式	
轴承润滑方式	
箱座底面	
密封方式	
零件在轴上周向固定方式	
零件在轴上轴向固定方式	
滚动轴承的轴向固定方式	
滚动轴承游隙调整方式	
轴系轴向位置调整方法	
轴承座刚度保证方法	

4. 绘制一根轴的轴系结构装配草图

5. 思考题

(1) 以指定轴为实例，说明轴上零件的周向固定和轴向固定方式。

(2) 简述减速器齿轮和轴承润滑及密封方式。

(3) 试述滚动轴承的轴向固定方式。

（4）试述滚动轴承游隙的调整方式。

（5）试述轴系轴向位置的调整方式。

机械零部件结构分析与轴系结构创意组合设计实验报告

实验2 轴系结构创意组合设计实验（综合设计型）

班 级		姓 名		学 号		日期	
指导教师						成绩	

1. 实验目的

2. 轴系结构方案示意图

3. 轴系结构装配草图

4．思考题

（1）轴系结构设计中，轴系支点轴向固定的三种结构形式的特点是什么？设计中如何选择？一端固定一端游动的方案中，固定端及游动端主要有几种轴承组合方案？

（2）轴系轴向位置调整的作用是什么？在哪些传动场合轴系需要能在轴向作严格调整？绘制其示意图。

（3）轴承的游隙是如何调整的？调整方法特点何在？

（4）轴系中，采用凸缘式轴承盖与嵌入式轴承盖各自特点是什么？密封结构对轴承透盖的结构有何影响？

(5) 悬臂锥齿轮轴系组合设计中采用轴承套杯作用是什么？套杯内成对安装的圆锥滚子轴承可采用“面对面”和“背对背”两种布置方式，根据绘制的布置示意图，对两种方案进行比较。

(6) 完成的轴系结构设计中，采用了哪些轴上零件定位与固定方法？这些方法有什么特点？

机电产品模型设计及控制实验报告

实验1 机电产品模型设计及控制实验（基本型）

班　级		姓　名		学　号		日期	
指导教师						成绩	

1. 实验目的

2. 观察工业培训模型“带输送带的冲床”、“三自由度机械手”、“气动加工中心”、“双工作台操作流水线”的运转过程，并回答以下问题

（1）“带输送带的冲床”的工作过程。

（2）“三自由度机械手”的工作过程。

（3）“气动加工中心”的工作过程。

(4)“双工作台操作流水线”的工作过程。

(5)在以上模型中，使用了哪些机械传动方式?

(6)在以上模型中，是如何通过传感器实现各运动部件的精确定位的?

（7）请举出一个机电产品的例子，并说明该产品使用的传动方式和控制方法。

3. 按照慧鱼公司提供的模型样例组装的是哪一个模型？绘制该模型的机构简图

4. 实验收获和建议

机电产品模型设计及控制实验报告

实验 2　机电产品模型设计及控制实验（综合设计型）

班　级		姓　名		学　号		日 期	
指导教师						成 绩	

1. 实验目的

2. 观察工业培训模型“带输送带的冲床”、“三自由度机械手”、“气动加工中心”、“双工作台操作流水线”的运转过程，并回答以下问题

（1）“带输送带的冲床”的工作过程。

（2）“三自由度机械手”的工作过程。

(3)“气动加工中心”的工作过程。

(4)“双工作台操作流水线”的工作过程。

(5)在以上模型中，使用了哪些机械传动方式?

（6）在以上模型中，是如何通过传感器实现各运动部件的精确定位的？

（7）请举出一个机电产品的例子，并说明该产品使用的传动方式和控制方法。

3．按照慧鱼公司提供的模型样例组装的是哪一个模型？绘制该模型的机构简图

4．设计任务书的内容

5. 实验方案设计

(1) 列出曾设计出的数种传动方案和传感器布置方案，分别以机构简图方式表达（可另附纸）。

(2) 说明最终选择的是哪一个方案，并说明选择的原因。

6．控制程序（可另附纸，每组一份）

7．实验收获和建议

机械设计结构展示、分析与研究实验报告

实验1 机械发展史展示实验（感知型）

班 级		姓 名		学 号		日期	
指导教师						成绩	

1. 实验目的

2. 实验装置

3. 实验展示内容清单

4．思考题

（1）简述中华民族在古代机械发展历史中的地位与贡献。

（2）简述机械发展的历史。

（3）简述机械工业在国民经济中的地位及我国机械工业的现状。

（4）总结由学习机械发展历史给你带来的思考。

机械设计结构展示、分析与研究实验报告

实验 2　机械设计结构展示与分析实验（基本型）

班　级		姓　名		学　号		日 期	
指导教师						成 绩	

1. 实验目的

2. 实验装置

3. 实验展示内容清单

4．思考题

（1）常用机械联接的基本类型有哪些？各适用于什么场合？

（2）螺纹联接防松的意义与基本原理是什么？常用防松装置的原理有哪些？

（3）轴的作用是什么？转轴、心轴、传动轴有什么区别？

（4）轴承的基本功用及类型有哪些？各有何特点？

（5）联轴器与离合器的功用是什么？基本类型有哪些？

（6）简述带传动的基本组成与分类方式。

（7）齿轮传动有哪些类型？各有何特点？齿轮传动的主要失效形式有哪些？

（8）蜗杆传动的主要类型有哪些？与齿轮传动相比，蜗杆传动有何特点？

（9）链传动的工作原理是什么？其特点和应用场合怎样？

（10）螺旋传动有哪些特点？

（11）摩擦轮传动的工作原理是什么？主要有哪些特点？

（12）润滑剂的基本功用是什么？机械中常用的润滑剂主要有哪几种？

（13）密封装置的基本功用和类型有哪些？

机械设计结构展示、分析与研究实验报告

实验3　现代机械装置的研究与开发（研究创新型）

班　级		姓　名		学　号		日 期	
指导教师						成 绩	

实验项目名称：

1. 实验目的

2. 实验装置及其系统图

3. 思考题

(1) 实验装置的驱动装置类型及特点?

(2) 实验装置的机械结构组成及特点?

(3) 实验装置的控制技术及特点?

4. 撰写实验研究论文（可另行加页）

主要参考文献

1 邱宣怀主编．机械设计．第 4 版．北京：高等教育出版社，1997

2 濮良贵，纪名纲主编．机械设计．第 8 版．北京：高等教育出版社，2006

3 陈秀宁主编．机械设计基础．第 2 版．杭州：浙江大学出版社，1999

4 喻怀正主编．机械设计基础．第 2 版．北京：高等教育出版社，1994

5 陈秀宁主编．机械基础．杭州：浙江大学出版社，1999

6 吴宗泽主编．机械设计实用手册．北京：化学工业出版社，1999

7 宋立权主编．机械基础实验．北京：机械工业出版社，2005

8 吴宗泽主编．机械设计习题集．第 2 版．北京：高等教育出版社，1991

9 陈秀宁主编．现代机械工程基础实验教程．第 1 版．北京：高等教育出版社，2002

ZHS20系列滑动轴承综合实验台外形图

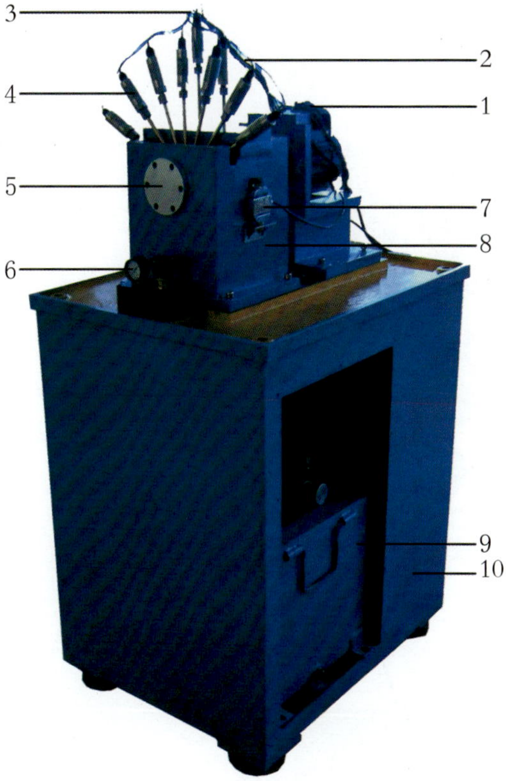

1-交流伺服电动机；
2-轴向油压压力变送器；
3-静压加载压力变送器；
4-周向油压压力变送器（1～7号）；
5-滚动轴承；
6-调压阀；
7-摩擦力传感器测力装置；
8-实验主轴箱；
9-液压油箱；
10-机座

ZHS20系列滑动轴承综合实验台主机外形图

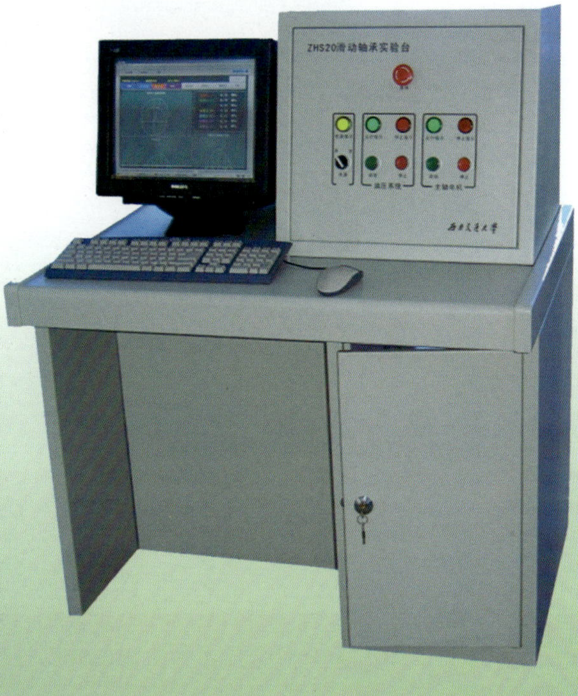

ZHS20系列滑动轴承
综合实验台控制柜外形图

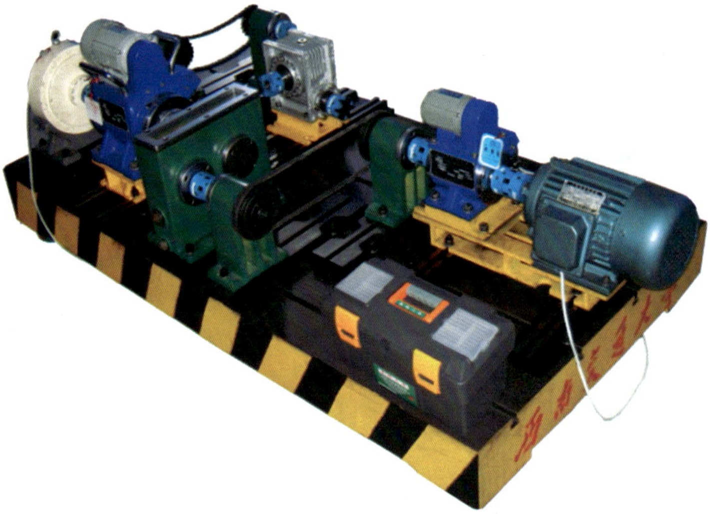

ZJS50系列综合设计型机械设计实验装置主机外形图

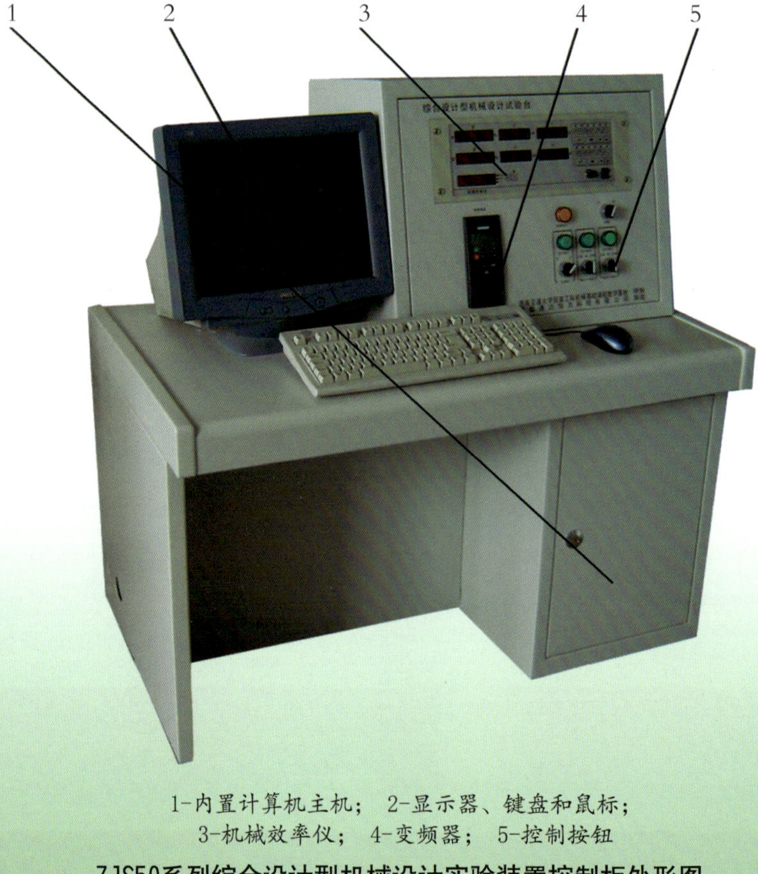

1-内置计算机主机； 2-显示器、键盘和鼠标；
3-机械效率仪； 4-变频器； 5-控制按钮

ZJS50系列综合设计型机械设计实验装置控制柜外形图